附示範影片！ 美體師指導打造元氣美顏

# 5分鐘 小臉按摩

森 拓郎——著　何姵儀——譯

讓眾多女性擁有一張小臉的我
敢斬釘截鐵地說！

# 妳會擁有大餅臉
# 原因就在此！

想要瘦臉的女性真的是不計其數，
因為只要臉蛋夠小，看起來就會更瘦、更漂亮。
但不可否認的事實是，
那些「想要擁有一張小臉！」的女性當中，
不少人會做出讓自己的臉變大的行為。
例如三不五時就駝背盯著手機看、熬夜晚睡，
明明缺乏運動，每日三餐卻常吃醣類
與脂肪含量過高的垃圾食物……。
讓人不禁想要問「妳真的想要瘦臉嗎？」
如果妳覺得自己是符合P.4～19這些類型的人，
現在就一起來做小臉按摩操吧！

# 利用小臉按摩操
# 讓妳的臉從此改頭換面！

( TYPE.1 )

# 三不五時就駝背盯著手機看的

# 手機上癮女

要追蹤的推特和IG或許不少，還要跟上SNS的最新話題。嗯？○○好像又更新了。這一定要按個「讚」。我還很喜歡玩線上遊戲呢。真的很難想像沒有手機的日子要怎麼活！

## 符合這種類型特徵的人

- □ 一直低頭滑手機
- □ 整天駝背打電腦
- □ 姿勢不良，肩膀僵硬
- □ 不知不覺就會駝背
- □ 老實說沒有在運動

MORI CHECK

### 一直駝背看手機的話
### 會沒有下巴喔！

看手機時一直低頭的話很容易駝背喔。一旦駝背頭就會往前，脖子後方會拉長，導致圓肩。不僅如此，脖子前方還會整個縮在一起，這樣多餘的贅肉就會囤積在下巴。久而久之，就會變成鬆～弛下垂的雙下巴了！

舒展脖子的
伸展操
與消除浮腫的
按摩會有效果！
脖子變短，
下巴的肉
越來越多！
!?
大驚
鬆垮
下垂

( TYPE.2 )

## 整晚姿勢不良

# 最愛熬夜慵懶族

「我回來了～」回到家已經晚上10點，接下來就是專屬於我的慵懶時間了。一邊吃著在便利商店買的「犒賞自己努力一整天的零嘴♡」，一邊看著搞笑綜藝節目，慵懶放鬆。抬頭一看，發現已經半夜2點了。明天還要上班呢，該睡了～。

## 符合這種類型特徵的人

□ 就寢時間通常超過半夜1～2點

□ 老是躺著看電視

□ 放假時整天都躺在床上或沙發上

□ 出門上班的時間快到才起床（一臉沒睡飽）

□ 晚上10點以後還在吃飯、喝酒、吃零食

MORI CHECK

### 懶洋洋地躺著又熬夜的話 臉會因為代謝不良而浮腫喔！

熬夜時一直躺著不動的話，肌肉（身體）會變得衰弱，過沒多久臉部就會因此而浮腫，臉型歪斜。要是長期睡眠不足，代謝就會變差。如此一來不僅會加速浮腫，還會刺激促進食慾的荷爾蒙分泌，脂肪越囤越多，導致臉蛋變圓&臉部浮腫！

改變
生活習慣，
並且利用按摩
與按壓促進代謝！
天哪～
浮腫與脂肪
創造一張
完美的肉餅臉！
登愣！

( TYPE.3 )

## 臼齒磨牙……其實壓力累積到極限！

# 倔強女

那個新人這次是錯第幾次了？後續追蹤是身為前輩的我要做的耶～。可是看到他反省的樣子，我竟然不小心拍胸脯脫口而出：「好啊！後續我盡量幫忙！」主管又對我這麼期待，不咬緊牙根撐下去的話是不行的。這、就、是、我！

## 符合這種類型特徵的人

- □ 下意識地咬緊牙根
- □ 腮幫子僵硬，按了會痛
- □ 總是覺得壓力大
- □ 睡覺時（似乎）會磨牙
- □ 臉型是腮幫子凸出的四角形或本壘板形

MORI CHECK

### 每次緊咬牙根，腮幫子就會越來越發達！

人只要壓力一大，或者是準備奮力圖強的時候，就會不自覺地咬緊牙根。暫時的話還好，一旦成為習慣，腮幫子周圍的肌肉就會變得發達，形成國字臉……。情況嚴重的話，不僅嘴巴會變得張不太開，有時連耳朵上方的側頭肌也會變得僵硬喔。

紓解
僵硬的肌肉
要靠按摩
與舒展操！
越是常咬緊牙根
肌肉就會變硬
腮幫子變得發達！
咬咬咬……

( TYPE.4 )

## 缺乏喜怒哀樂、不太會笑的

# 面無表情地藏女

因為有網路，所以大部分的重要事件都是以信件來回覆，朋友之間也都是用LINE，不會特地講電話。這麼說來，我這幾天好像都沒有跟人說話……。什麼？要合照上傳到IG？我不太會做笑臉耶。嗯？最近是不是都沒有笑過呀？

## 符合這種類型特徵的人

- □ 沒有在用臉部周圍的肌肉
- □ 幾乎只有吃飯的時候才會張口
- □ 面無表情（不太會笑）
- □ 血液循環差，臉色暗沈
- □ 眼睛很小，彷彿泡泡眼

MORI CHECK

### 臉部肌肉沒有用的話<br>會加速鬆弛？！

很多人常常忘記臉部其實也是有肌肉的。牽動表情的顏面表情肌不用的話，會讓表情變得僵硬，臉色變得暗沈，整張臉還會浮腫，讓眼睛看起來非常小。這種類型的人，特徵就是肌肉會隨著年齡增長而迅速鬆弛下垂，容易導致臉型歪斜。

利用可以活絡
顏面表情肌的
運動與按摩
促進血液循環！
眼睛變小
還有鬆～弛
下垂的臉！
鬆弛

SELF KOGAO TRAINING

( TYPE.5 )

## 與便利商店&垃圾食物為友

# 愛吃炸物♪卡滋女

考慮健康，我當然知道現成的油炸物與垃圾食物對身體不好，但是……。懶得自己煮，而且一個人住的話菜會煮不完，這樣根本就不符合成本，不是嗎？我最近迷上了品嚐比較各家炸雞。雞肉有蛋白質，應該有益健康吧？是吧？！

## 符合這種類型特徵的人

- □ 愛吃可以填飽肚子的油炸物
- □ 每天吃便利商店的便當也沒關係
- □ 常備調理包與速食類食品
- □ 最愛吃零食
- □ 體型看起來偏胖

MORI CHECK

### 氧化&劣質的油是肌膚老化的原因。當然臉也會變胖喔

脂質熱量高，所以油炸物只要一下肚，熱量一下子就會超標，這樣不僅是身體，臉也會變胖的。其中更令人擔心的是油質。現成油炸物上殘留的那些氧化的油以及用來製作零食的油，也就是「Omega 6脂肪酸」，都是導致代謝低落，加速肌膚老化，讓臉部肌肉鬆弛的原因。

養成
少吃油炸物、
多加按摩
提升代謝的習慣
滿臉脂肪！
渾圓飽滿的
肉餅臉！

( TYPE.6 )

## 喜愛蔬菜勝過肉和魚♥

# 草食系女子

妳這樣吃得飽嗎？
只有蔬菜??
是長瘦飲食嗎？
這是長壽飲食啦！
斬釘截鐵！
咔嗞咔嗞
因為我不想變胖呀！吃菜最好了！
咔嗞
咔嗞
咔嗞
蔬菜果昔


來一頓維他命、礦物質豐富的蔬菜沙拉當午餐來養顏美容♥。當然也不能沒有蛋白質，不過晚餐吃的漢堡排不是真的肉，而是用黃豆做成的素肉。認為比起動物性蛋白質，植物性蛋白質對身體更有益，是健康意識高的女子？

## 符合這種類型特徵的人

□ 相信多吃蔬菜就會瘦

□ 吃飯最喜歡以蔬菜為主！

□ 攝取蛋白質以黃豆、豆腐等植物性為主

□ 不太喜歡肉和魚

□ 以禁食的方法減肥

MORI CHECK

### 蛋白質不足，臉部肌肉會鬆弛？！光吃青菜臉也不會變小！

蔬菜含有維他命及礦物質等重要營養素，不過有助於促進肌肉生成以及增進肌膚光澤的蛋白質也是塑造小臉不可或缺的營養素。蛋白質不足，肌肉就無法生成，如此一來就會造成手腳冰冷、浮腫虛胖、肌膚黯淡，這樣臉型線條反而會不明顯……。

要攝取蛋白質！
利用按摩與按壓來
改善虛寒
促進代謝！
肌膚失去光澤
臉型線條
不夠明顯！
下垂～

( TYPE.7 )

## 舉杯一飲而盡，還配著香鹹的下酒菜

# 豪飲女

今天下班後也是直衝居酒屋。先來一杯生啤酒！呼～。為了這一杯我可是拚了命地工作呢。嗯～下酒菜我要醬燒雞肉丸和雞皮！蔬菜的話要馬鈴薯沙拉和奶油玉米，還要起司和醬菜，實在是太下酒了～。不好意思，生啤再來一杯！

## 符合這種類型特徵的人

- □ 一週至少有4天會喝酒
- □ 喜歡鹹鹹甜甜的重口味
- □ 跟朋友碰面總是約在居酒屋，而不是咖啡廳
- □ 大吃大喝之後才睡，所以淺眠
- □ 隔天早上臉都會浮腫

MORI CHECK

### 若是再加上含有醣類的啤酒，那些鹽分過多的下酒菜就會造成浮腫

小酌一番時，肝臟會先分解吸收到體內的酒精，使得應當分解的醣類被延後。在這種情況之下，拿著含有醣類的啤酒，配著鹹鹹甜甜的高脂肪下酒菜，臉怎麼可能不會圓。再這樣下去，吃飯就會越來越重口味，更容易造成浮腫。

利用
按壓推拿
以及伸展操
迅速消除浮腫
隔天早上
整張臉
爆腫！
腫
腫

( TYPE.8 )

## 甜點是另一個胃♪

# 甜食♥上癮女

我沒吃晚餐所以沒關係～♪
太幸福了～～♥
其他口味的蛋糕也要!!
眼睛發亮
比起吃飯……我更愛吃甜點♥
弛美……妳真的很愛吃甜食耶💧
滿滿
一桌
雖然我也喜歡但無法這樣吃～

飯後沒有來個蛋糕或冰淇淋收尾，就會覺得好像沒吃飽。所以我的辦公桌抽屜裡頭隨時都會塞滿便利商店新上架的零食。不管是被主管罵，還是加班加到累，只要偷吃一口，心情就會舒暢許多。人生要是沒有甜食，我就會活不下去～。

## 符合這種類型特徵的人

- □ 比起不吃甜食，寧願不吃飯
- □ 飯後一定要有甜點或零食
- □ 沒有吃到甜食會感到焦慮
- □ 維他命的攝取來源是水果，不是蔬菜
- □ 對餅乾與甜麵包愛不釋手

MORI CHECK

### 砂糖攝取過量會造成肥胖&肌肉鬆弛，臉還會越來越大！

「吃了甜食心情就會變好」是因為甜食可以抑制壓力荷爾蒙分泌。也就是說，砂糖令人上癮的可能性很高。雖然醣質可以提升血糖值，但是攝取過量反而會讓臉變胖。更糟的是，皮膚還會因此失去彈性，容易下垂鬆弛……。

控制醣質並利用按壓與按摩促進血液循環！
脂肪和鬆弛與小臉漸行漸遠……

# CONTENTS



**小臉按摩操可以參考示範影片**

利用智慧型手機或其他裝置軟體
掃瞄QR Code打開網址之後，
就能觀看小臉按摩操的示範影片。

| 注意 | |
|---|---|
| | ●懷孕中或可能懷孕的婦女、慢性病患者，或者是正在接受治療的人請事先向醫師諮詢。<br>●在做按摩操時若會覺得疼痛或是身體不適請立即停止。<br>●本書無法百分之百保證瘦臉效果，瘦臉成效會因人而異。<br>●因本書的按摩操而受傷或不適的情形，恕本書製作者概不負責。 |

# CONTENTS

## Lesson 3 加強按摩護理 進一步解決臉部問題

## 現在開始，為時不晚！

# 小臉是可以塑造的！

# 改變人們對妳的印象
# 第一個要瘦下的是「臉」

「想要瘦下來，給人靈活輕巧的印象。」不少女性應該會為了這個念頭而勤奮減肥吧？

改頭換面。就這一點來看，我覺得第一個要瘦下來的部位應該是「臉」。因為臉大的話，整個人看起來會很胖；相反地，臉如果小的話，整個人看起來是不是會很苗條呢？

肚子與腿也是我們會想要瘦下來的部位，不過這些部位只要穿上衣服就可以遮蓋，然而臉卻無法這麼做；頂多換個髮型，或者是在化妝、穿衣服的時候稍微花點心思，因為人們第一眼會看到的就是臉，同時也是無法敷衍了事的部位。

無法遮掩、一有變化就會表露無遺的部位就是臉。但是只要利用小臉按摩操來消除臉部浮腫與僵硬部位，就算體重不變，看起來照樣可以讓人覺得好像瘦了好幾公斤。只要臉型小一圈，看起來就會顯得苗條。所以說，就塑造體型的觀點來看，擁有一張小臉是非常有效率的。

## 身為美體師的我
## 注重小臉矯正的原因

我是運動指導員，亦可稱為塑造理想體型的美體師。每日的工作以指導體力鍛鍊與伸展為主軸，以陪同學員一起塑造理想體型為目標。

聽到指導大家鍛鍊身體的我提到「瘦臉」這件事，或許會有人感到有點意外。的確，一般來說，所謂的塑身教練，往往難以與小臉沙龍治療師這份工作聯想在一起，因為印象中前者指導的是臉部以下的肌肉，後者只針對臉部周圍這個部分。

然而長年以來指導運動，同時也學過身體矯正的我，卻認為將身體與臉劃分開來這個想法根本就不妥。因為想要塑造一個線條清晰俐落的臉型，就必須要伸展脖子與肩膀周圍的肌肉，因為聚集在這一帶的淋巴結會影響到臉型大小，姿勢不當也有影響，所以矯正姿勢與鍛鍊肌力是不容忽視的。既然以小臉為目標，那麼就更應該要從全身來重新檢視。

秉持如此想法的我，從2009年開始學習如何矯正小臉，最後終於奠定了塑造小臉的方法，並且在東京的惠比壽開了一家小臉美容矯正沙龍，「reporter」。

這次我們在書中介紹的，是以「reporter」療程為基礎的自我護理方式，當中包含了不少可以在家裡簡單進行、效果極佳的按摩操。

在實踐單元，只要用智慧型手機掃描ＱＲ碼，就可以跟著影片一起做，這樣不僅更容易掌握動作，即便是在家裡，照樣可以體驗一對一的按摩療程。

當然，想要擁有一張小臉，重新檢視飲食生活與生活習慣同樣舉足輕重。因此我從到目前為止提倡的理論當中，特地擷取了與小臉有關的內容。

只要臉型線條俐落流暢，打扮、髮型與化妝的變化就會變得更多樣，而且不少人的個性還會因此而變得更開朗積極呢。

一起加入可以讓人改頭換面的小臉按摩操行列吧。

## 利用有效的臉部按摩操<br>塑造小臉！

# Lesson 1

# 現在開始塑造小臉為時不晚！

臉大的人往往因為「誰叫我天生臉大」這個原因而放棄。然而事實果真如此嗎？

導致臉大的原因，大致可以分為先天因素與後天因素。

先天因素，意指與生俱來。可惜這個問題憑我微薄的力量是沒有辦法解決的。畢竟有些人的臉是因為骨骼的關係，天生就比較大。

但是那些告訴我說她「天生臉大」的人當中，有的其實並不是因為遺傳，而是因為姿勢不良以及咬牙根等後天因素才讓臉變大的。可惜的是，她本人並沒有察覺到這些原因其實是她自己造成的。

本書一開始提到的那8種類型的女性，是因為後天因素而讓臉變大的典型範例。也就是說她們在不知不覺中，招致了讓自己的臉越來越大的因素。這種人若是為了瘦臉而採取不當的減肥方式，只會讓臉部肌肉鬆弛下垂，有時甚至招來反效果，讓臉變得更大。

因此，我們第一個要先了解臉變大的主因，並且開始進行小臉按摩操。不需急著放棄，就算現在才開始也為時不晚！

# 就算骨架大 也不要放棄！

「我的臉這麼大，都是因為骨架天生太大造成的。」

的確，頭骨蓋的大小是天生注定的，所以有些部位無法改變。但是只要後天好好彌補，還是有機會擁有一張讓人產生錯覺的小臉。

所謂的後天要素，指的是附著在骨骼上的「肌肉」、「皮膚．肌膚」、與「脂肪」等部分。接下來我們以開頭舉出的那8種類型為例，來解說導致臉變大的要素吧。

首先是「肌肉」。臉部肌肉若是力量低落，附著在上的皮膚就會鬆弛下垂，這樣整張臉看起來就會很大。像是鮮少用到臉部肌肉的「手機上癮女」、「面無表情地藏女」，以及容易缺乏蛋白質製造肌肉的「草食系女子」就是屬於這個類型。相反地，「倔強女」則是因為臉部肌肉過度使用，導致肌肉僵硬或緊繃，所以臉才會變大。

再來是表面的「皮膚．肌膚」。這個部位有無數條的淋巴管經過，一旦滯流，臉部就會非常容易浮腫。另外，維持肌膚光澤的膠原蛋白要是減少，皮膚就會因為重力而鬆弛拉長。肌膚下垂固然深受年齡增加的影響，但就算是20～30歲的人，生活習慣若是和「最愛熬夜慵懶族」一樣紊亂的話反而要多注意，否則肌膚會加速老化。

最後是「脂肪」。若是因為過度飲食或飲食生活紊亂而導致脂肪囤積的話，臉當然就會變大。而容易陷入這個危險的是「愛吃炸物♪卡滋女」、「豪飲女」與「甜食♥上癮女」。這幾種類型的女性不僅要做小臉按摩操，更重要的是還要重新檢視飲食生活。

除了骨骼，平常的生活習慣會導致臉變大的原因有「肌力衰弱」、「肌肉僵硬緊繃」、「脂肪囤積」、「淋巴液滯流」以及「肌膚老化」。但是只要跟這本書介紹的小臉按摩操循序漸進，這些部分就可以慢慢調整改進。即使現在才開始也不遲，就讓我們一一解決這些原因，慢慢往小臉邁進吧。



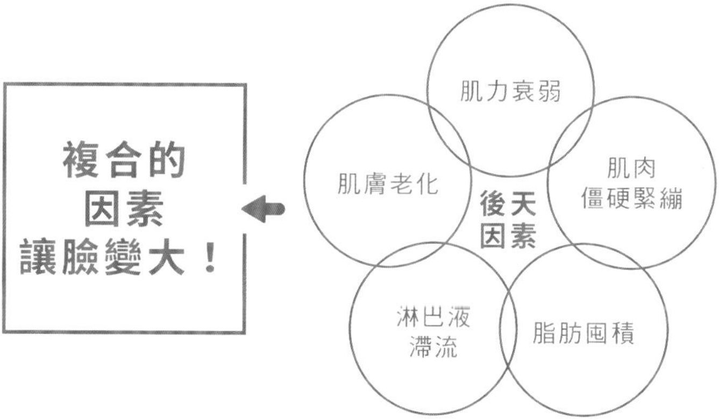

# 姿勢不良，臉就會越來越大！

讓臉變大的原因當中，我希望大家多加注意的其中一點，就是姿勢。

姿勢為何與臉的大小有關聯呢？讓我來一一為大家說明理由吧。

①若是因為駝背而彎曲整個背部，肩膀就會縮起來，頭整個往前傾。

②頭一旦往前傾，脖子前方就會擠在一起，這樣下巴周圍就會非常容易浮腫，還會囤積贅肉。

③不僅如此，下巴與脖子周圍一旦開始囤積贅肉，位在耳下與鎖骨的老舊廢物回收場「淋巴結」的淋巴液就會滯流，讓臉因為浮腫而變得渾圓。

④浮腫若是沒有改進，代謝就會變差，如此一來脂肪會非常容易囤積。

⑤再這樣下去的話，臉就會越來越大……。

這樣大家懂了嗎？姿勢不良，就會引起負面的連鎖反應，這樣只會讓臉越來越大。不僅如此，小腹還會凸出來，大腿前半部整個水腫，整個體型變得非常不協調。

屬於駝背的「手機上癮女」以及躺著看電視的「最愛熬夜慵懶族」這兩種類型的人，幾乎都是因為可以成為身體主軸的體幹肌肉衰弱，所以才會無法維持正確的姿勢。用不當的

## （錯誤姿勢）

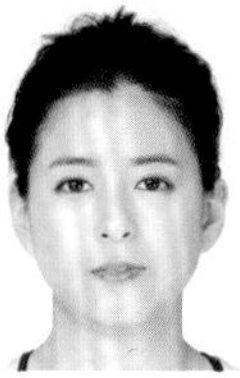
FACE

SIDE

駝背的話脖子前方會擠在一起，下巴周圍也會因此浮腫、囤積贅肉。

NG

## （正確姿勢）

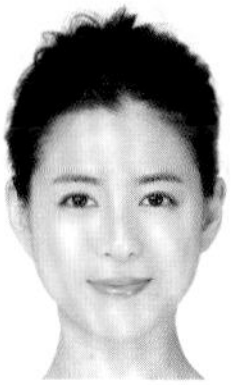
FACE

SIDE

脖子周圍沒有贅肉，臉型線條俐落流暢。

OK!

姿勢支撐沉重的頭部，對脖子與肩膀會造成的相當大的負擔。脖子與肩膀的肌肉一旦僵硬，這個部分血流就會不夠順暢，虛寒之下，有時臉就會變得更腫、更圓……。

導致臉變大的原因如果是姿勢，除了臉部，脖子、肩膀以及全身都要對症下藥。而要特別加強的，是紓解、伸展脖子與肩膀這一帶的肌肉，以及矯正姿勢的運動。這麼做不僅是為了促進臉部周圍停滯的淋巴液流動，還能夠有效改善駝背與圓肩，讓頭回歸正確的位置上，並且消除厚實的下巴。

除了讓囤積在臉部的淋巴液與老舊廢物流動的方法，這本書還要介紹保持小臉的姿勢矯正運動，大家要記得參考P.100以後的部分喔。

# 臉大的原因是「浮腫」。只要淋巴液順暢就能擁有小臉！

有的人四肢纖細，也沒有小腹，就只有臉特別圓。

為什麼只有臉會胖呢……。這種類型的人之所以臉大，有可能是浮腫造成的。大家可以摸摸看下巴這一帶。是不是鬆弛沒有彈性呢？這有可能是因為臉部的浮腫部位受到重力影響而下垂，使得肌肉囤積在下巴這一帶。

順帶一提，這裡提到的浮腫，簡單來說就是囤積在細胞之間的水分。一般來說，從心臟輸出的血液會將氧氣與營養輸送至體內各處，一邊回收多餘的水分與老舊廢物，一邊通過靜脈，流回心臟。但若因為某種因素而無法順利回收，這些多餘的物質就會滯留在細胞之間或淋巴管內，這就是浮腫。

導致浮腫的原因，大致有下列幾項。

①營養不足（缺乏蛋白質、維他命與礦物質）
②攝取過多的碳水化合物（醣類）與鹽分，導致水分滯留體內
③血路因為肌肉僵硬或緊繃而停滯
④缺乏肌力（促進血液循環、消除浮腫功能的肌肉衰弱，無法發揮幫浦效果。能夠產生

熱能的肌肉不多，虛寒）

平時姿勢不當的「手機上癮女」與「最愛熬夜慵懶族」、肌肉衰弱的「面無表情地藏女」、肌肉僵硬的「倔強女」、蛋白質不足無法製造肌肉的「草食系女子」、酒精與鹽分攝取過量的「豪飲女」，以及過度攝取醣類的「甜食♥上癮女」……本書在一開始介紹的這8種類型的女性，全部都是屬於浮腫體質。

不過，反過來看，這些也是能夠將小臉按摩操的效果直接展現出來的類型。只要紓解緊繃的肌肉，活動筋骨，讓淋巴液順暢流動，就能夠展現出驚人的瘦臉效果呢。

**只要讓淋巴液流動，就能立刻擁有小臉！**

本書利用了按壓、輕撫與舒展等技巧來刺激淋巴液與淋巴結，以利對症下藥，解決浮腫問題。

# 缺乏肌肉，臉部就會鬆弛變大！

想要擁有小臉，有個部位的肌肉絕對不可輕視，那就是覆蓋臉部的顏面表情肌。

這個顏面表情肌就如同字面所示，是製作表情的肌肉群總稱。有：與眼睛開合相關的眼輪匝肌、開閉嘴巴時會用到的口輪匝肌，以及微笑時使用的頰肌等，這些都是牽動表情時會用到的重要肌肉。

然而最近似乎有越來越多的人不會用到顏面表情肌。

一個人有沒有用到顏面表情肌，一看就知道。

因為這些人並沒有鍛鍊到臉部肌肉，使得皮膚失去彈性，臉頰不是下垂，就是鬆弛浮腫，臉型線條不夠俐落流暢，所以臉才會看起來非常大。

近年來電子郵件或ＬＩＮＥ等聯絡方式越來越普遍，漸漸替代電話，大大減少人們說話的機會，就連動到臉部的情況也整個減少。而且我還發現，若是因為不常使用嘴巴周圍的顏面表情肌而面無表情，也會對臉型造成影響。

一天到晚只知低頭看電子郵件與ＳＮＳ的「手機上癮女」與缺乏喜怒哀樂的「面無表情地藏女」都是顏面表情肌衰弱的典型人物。妳有好好展現笑容嗎？「咦？我上次跟別人說話是什麼時候呢？」有這種情況的人一定要注意喔。

既然顏面表情肌是肌肉，不用的話只會就會漸漸衰弱。再這樣下去，養分與氧氣就無法隨著血液輸送到身體各個角落，肌膚的新陳代謝就會變差，無法生成可以讓肌膚充滿光澤的膠原蛋白與彈性蛋白，還會讓肌膚隨著年齡鬆弛下垂。就連理應隨著肌肉收縮流動的淋巴液也會因此而滯流，導致浮腫，這樣只會讓臉越來越大。

不過反過來說，顏面表情肌越是鍛鍊，表情就會越生動豐富，如此一來血流就會變得順暢，進而促進代謝。這麼做不僅可以消除浮腫，臉型的線條也會變得更清晰。

這本書提到的鍛鍊方式還包含了舒展顏面表情肌的按摩操，鮮少有機會說話的人一定要勤於按摩做操。

另外，關於顏面表情肌衰弱這一點，沒有攝取蛋白質的「草食系女子」也要注意。因為構成肌肉的材料，也就是蛋白質不夠的話，讓肌膚充滿彈性的肌肉就有可能變少，這樣反而讓臉部肌肉更容易鬆弛。因此這種類型的人不僅要多加活動顏面表情肌，重新檢視飲食內容也非常重要喔。

# 舌頭肌肉衰退的話，會導致下巴周圍下垂，變成雙下巴！

有個部位的肌肉與瘦臉息息相關，不管是誰每天都會頻繁使用，但卻往往為人所忘，那就是「舌肌」。如同字面所示，這個部分是活動舌頭的肌肉。

舌肌力量一旦衰退，用來收放舌頭的下巴底部就會變得沉重，導致下巴周圍肌肉鬆弛，這樣臉就會變得越來越大。

但是我們根本就無從得知舌肌是否衰弱，是吧？所以我們先來測試看看舌肌有沒有好好派上用場。

先合起嘴巴。這時候舌頭是在哪個位置上呢？

如果舌頭表面自然地貼在上顎，舌尖放在上顎前齒根部的話，就表示舌肌力量充足。

相反地，如果舌尖是落在下顎前齒後方的話，就代表舌頭可能力道不足。這種人的側面通常會出現齒形，大家不妨確認看看。

再來是做鬼臉，把舌頭整個吐出來看看。舌頭整個往下伸的時候會不會覺得「很痛苦」呢？可以左右轉動嗎？如果不行的話，就代表舌肌處於黃燈警戒。

舌頭無法靈活轉動，應該與現代人鮮少有機會說話這件事有關聯。像是屬於不常與人聊天、難得開口的「手機上癮女」與「面無表情地藏女」這兩個類型的人，舌肌的力量應該會比較弱。

舌肌一衰弱，下巴周圍不僅會變得厚實，嘴巴還會無力閉唇。如此一來，就會非常容易口乾舌燥，甚至影響健康。相反地，如果能夠好好鍛鍊的話，嘴巴就能夠持續閉合，就連臉型也會自然而然地變得更加俐落緊實。

儘管我們平常不會刻意去活動舌肌，不過這個部位在矯正小臉這方面卻能夠發揮極大的效果，所以就讓我們跟著P.86的訓練方法，好好鍛鍊這個部位的肌肉吧。



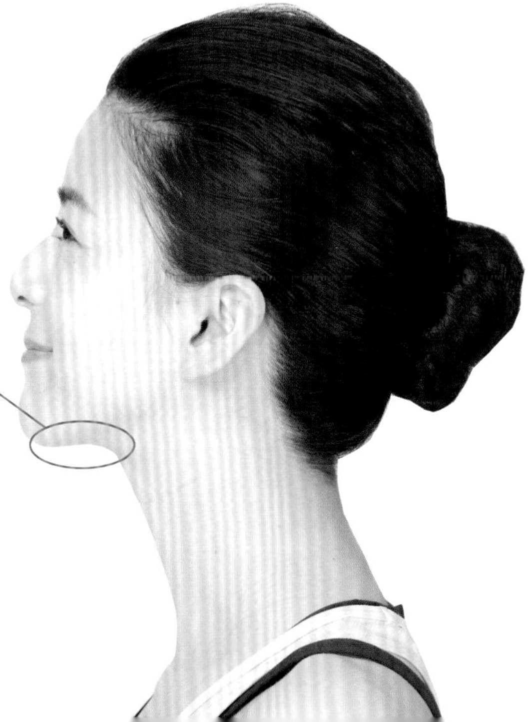

**舌肌若是衰弱，**
**下巴底部就會下垂**

舌肌一衰弱，就會無法支撐舌頭的重量，如此一來下巴內側就會因為太過沉重而下垂，有時甚至還會形成雙下巴。相反地，如果好好鍛鍊舌肌的話，臉型的線條就會變得更緊實流暢。

# 下巴周圍肌肉要是緊繃，腮幫凸出、肌肉鬆弛與雙下巴會呈一直線

「下巴」與嘴巴開合有關。支撐這個部位的肌肉有好幾種，不過塑造小臉時最需要注意的是「咀嚼肌」。

所謂咀嚼肌，指的是位在耳下腮幫這個部位的肌肉。如同字面所示，這是「咀嚼」時會用到的肌肉，在咀嚼硬物之際可以派上用場。我們曾經在P.37中提過「要盡量鍛鍊肌肉（顏面表情肌）」，但是咀嚼肌這個部位要注意的是，過度鍛鍊的話會造成肌肉肥大。如此一來腮幫就會凸出，導致整張臉越來越像國字臉。像是平常習慣咬緊牙根，而且還會毫不自覺地磨牙的「倔強女」就是這種臉型的代表。

不光是腮幫變大，咀嚼肌若是過度發達，耳朵上方與咀嚼肌連在一起的「側頭肌」就會變得緊繃，而且肌肉僵硬的情況還會擴大到與此緊連的頭皮。整個與臉皮連在一起的頭皮一旦緊繃，本應被頭皮拉提的臉頰肌肉就會鬆弛，最後導致下垂。

而另外一個需要注意的，是支撐下巴的肌肉。

也就是「翼內肌」。張開嘴巴，靠近臼齒的地方是不是有一條外形像柱子的肌肉呢？這就是翼內肌。這個部分的肌肉與咀嚼肌一樣，只要咬緊牙根，肌肉就會因為緊張而變得緊繃。

這個部分的肌肉若是緊繃，嘴巴就會張不太開，不然就是下巴變得不易前後滑動。因為不易張開嘴巴，下巴的動作就會受到限制，導致臉部周圍的淋巴液滯流。一旦滯流，淋巴液就會囤積在下巴，有時甚至會形成雙下巴。另外，下巴若老是使用容易活動的那一邊，同樣也會導致臉型歪曲。

咀嚼肌與翼內肌一旦僵硬，在塑造小臉時就會造成相當嚴重的不良影響。所以接下來我們要用本書介紹的紓解技巧來消除緊繃與僵硬的肌肉，塑造一張小巧的臉蛋。



**檢查翼內肌的僵硬程度！**

嘴巴張開之後，有辦法把三根手指直著塞進嘴裡嗎？塞不進去的話，代表下巴的翼內肌可能已經變硬了。在這種情況之下要好好紓解，以使消除僵硬緊繃的肌肉。

# 臉部周圍『肌肉』的老化現象切勿輕視

想要塑造小臉，就不能輕視覆蓋臉部的肌肉出現的老化現象。人體皮膚可以分為三個部分：可以緩和外在刺激的「表皮」、支撐彈性的「真皮」，以及位在其底層的「皮下組織」。而支撐肌膚、使其緊實有彈性的是位在真皮的膠原蛋白、彈性蛋白以及能夠生成這些物質的纖維母細胞。然而纖維母細胞的功能卻會隨著年齡增長而僵化，使得膠原蛋白與彈性蛋白失去彈性。

大家知道肌膚一旦失去彈性會發生什麼事嗎？無法承受重力的肌膚會開始朝左右擴展，並且慢慢下垂。簡單來說，就像是一顆因為洩氣而變成橢圓形的氣球。

這就是「稜角不夠分明、線條不夠流暢的臉型」。肌膚鬆弛再加上臉型變寬，整張臉看起來就會覺得很大。

遇到這種情況，千萬別想說「反正還年輕，現在煩惱還早……」。肌膚年齡深受生活習慣影響，若是沒有好好保養，或者是像「最愛熬夜慵懶族」那樣睡眠不足的話，肌膚老化就會加速進行。一回神，才發現「咦？怎麼肌膚鬆弛，臉也變大了呢？」

另外，導致肌膚老化的原因並非只有年齡增長。和「甜食♥上癮女」一樣飲食內容多醣類的人也要注意。醣類喜歡附著在肌膚的蛋白質上，結合之後一旦變質，就會讓肌膚失去光澤，這種現象稱為「糖化」，是導致肌膚鬆弛的原因。解決肌膚老化問題，除了皮膚表面要多加護理，針對真皮以及血液流經的皮下組織處理也能夠有效解決這個問題。

這本書的小臉按摩操中的「按壓」與「輕撫」能夠活絡肌膚血液，促進新陳代謝，進而消除浮腫，讓臉型的線條更加緊實，肌膚充滿光澤，讓肌膚看起來年輕有活力。

# 易胖的飲食習慣對瘦臉沒好處！

吃東西前要三思雖然是頗為理所當然的事，但我還是要大聲地告訴大家一件事。

人胖的話，臉也會跟著胖!!

既然想要擁有一張小巧的臉蛋，就要先知道會讓人發胖的營養素。

藉由飲食攝取的營養素當中，可以成為能量的有醣類、脂質與蛋白質。這就是所謂的「三大營養素」，也是持續生命活動不可或缺的營養素。

然而，這些營養素若是沒有當作能量消耗的話，剩餘的部分就會囤積在脂肪細胞裡，導致細胞肥大。不用說，臉也會跟著變圓。

當中要特別注意的營養素是醣類與脂質。用來造血與製造肌肉的蛋白質可以運用在身體各個部位上；但是相較之下，醣類與脂質反而容易囤積在體內，動不動就轉變成體脂肪。

洋芋片、可樂餅、鮮奶油滿滿的蛋糕……。這些高醣類×高脂質的食物根本就是最糟糕的組合。我們只要一攝取醣類，就會分泌胰島素。但是這種荷爾蒙會不斷地吸收脂肪，過沒多久，脂肪細胞就會增加，讓臉變得越來越大。

整晚都在熬夜，慵懶地嗑著零食的「最愛熬夜慵懶族」、對油炸物愛不釋手的「愛吃炸物♪卡滋女」、喜歡喝啤酒配下酒菜的「豪飲女」，以及看到甜食就失心瘋的「甜食♥上癮女」，這幾個類型的人是不是覺得上面那段話聽了有點刺耳呢？既然想要擁有一張小臉，重新檢視飲食生活其實是勢在必行的。

除此之外還要加以輔助的，就是接下來要介紹的小臉按摩操。

脂肪光是拍打或是揉捏是不會掉的，我們必須讓停滯在臉部的淋巴液流動，改善浮腫，或者是動動顏面表情肌等肌肉，促進血液循環，這樣脂肪才能進入容易燃燒的狀態。

與限制飲食的減肥方法相比，小臉按摩操的瘦臉速度絕對會比較快。既然如此，豈有不做的道理？

# Lesson 2

# 利用基本8步驟來塑造小臉吧

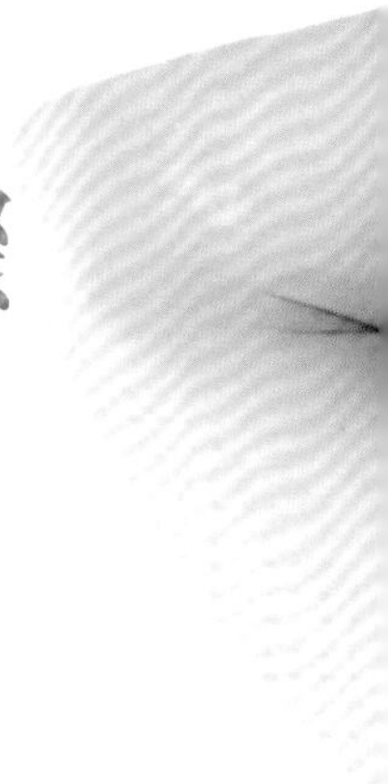

「Lesson 2」要介紹早晚都要做的基本小臉按摩操。

這是我將經營的小臉美容矯正沙龍所採用的方法，以淺顯易懂的方式簡化成8個步驟，供大家自我護理。內容方面均衡採用了「按壓」與「輕撫」等手法，幫助大家達成瘦臉效果。

小臉按摩操一天要進行兩次，以促進淋巴液流動，提升代謝，這樣臉部脂肪就會更容易燃燒，尤其是在消除浮腫方面速效性高，到了隔天早上應當就能夠切身感受到瘦臉效果。

另外，按壓等較為強烈的刺激不僅可以促進血液循環，讓膠原蛋白增生，使皮膚充滿彈性，還能夠保留因為年齡增長而變得黏稠的玻尿酸，讓臉蛋不再因為臉型鬆弛而變大。

這8個步驟全部做完不過五分鐘。建議大家先塗上一層乳液、保養油或凡士林再開始，以防肌膚過度摩擦。那麼，就讓我們把小臉按摩操當作早晚保養肌膚的習慣，成功擁有一張小巧的臉蛋吧！

BASIC METHOD

# 先掌握矯正小臉的技巧吧

## 按壓

### 施加壓力，塑造理想臉型

所謂按壓，就如同字面所示，也就是施加壓力。將手掌放在下巴與臉頰上，用力按壓，以矯正骨骼。雖說是矯正，但並不是整骨，而是要針對附著在骨骼與關節上的肌肉、脂肪與皮膚施壓，促進血液循環，紓解僵硬肌肉，塑造理想的臉型。

## 輕撫

### 促進淋巴流動，活絡血路

用指腹輕輕從肌膚表面滑過的技巧。囤積在臉部的淋巴液與老舊廢物是導致臉大的原因。但是只要輕撫而過，就能夠促進囤積在臉部周圍皮膚底下的淋巴液與血液流動，讓多餘的老舊廢物從臉部排出，同時還能夠整個消除浮腫。

# 舒展
（伸展操）

## 舒展肌肉，消除僵硬

也就是伸展筋骨。肌肉僵硬與緊繃的情況若是置之不理，周圍的血液與淋巴液就會滯流，但是只要舒展開來，就能夠有效解決這個問題。按壓是針對「點」來刺激，而舒展則是以「面」為單位來刺激肌肉，因此能夠大範圍地護理。

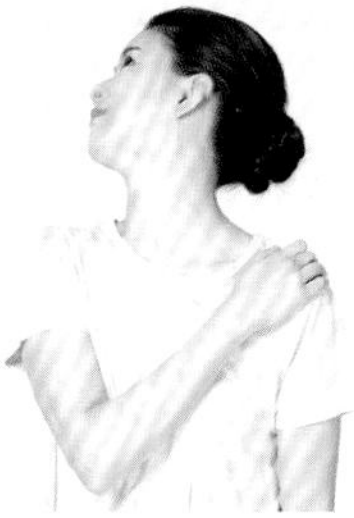



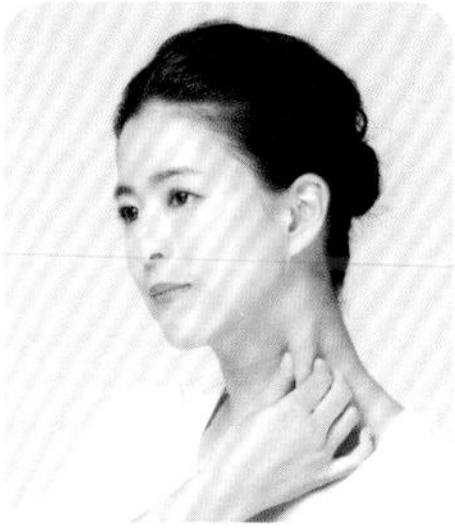

# 揉捏
（按摩）

## 消除僵硬肌肉，活絡筋骨

利用指尖揉捏的按摩方式，能夠有效紓解因為日常的不良習慣以及血液滯流而變硬的緊繃肌肉。不僅可以促進血液循環，還能提升代謝，讓維護肌膚光澤與彈力的膠原蛋白與彈性蛋白生成，進而瘦臉。

# 拉提

## 拉提隱藏的部位

按壓是利用壓的方式來刺激肌膚，不過拉提剛好相反，是利用捏的方式來刺激。為了拉出塌陷的鼻梁，我們要按住額頭，將山根拉出來。這是將因為臉部肌肉鬆垮而使得組織遭到破壞的部位整個舒展開來的技巧。

早晚 2 次
就 OK！

5 分鐘就能做完！

# 基本小臉操 8 步驟

## STEP 1

促進淋巴流動
**紓解**
**胸鎖乳突肌**

P.52

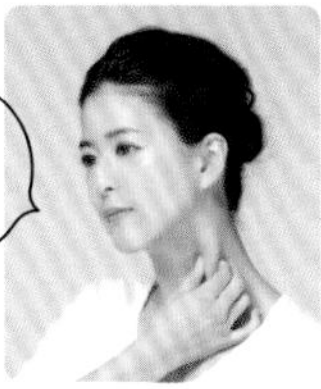

## STEP 2

排出老舊廢物
**伸展**
**胸鎖乳突肌**

P.54

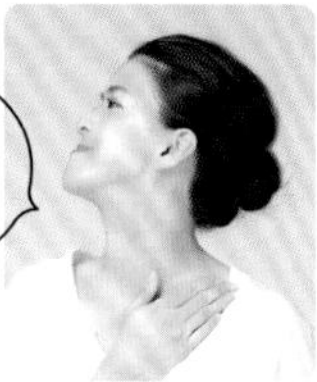

## STEP 5

防止臉部變大
**按壓臉頰**

P.60

## STEP 6

有效避免腮幫變大
**下巴**
**左右運動**

P.62

我們每天要做的就是這8個步驟。熟悉之後只要5分鐘就可以做完。記得參考影片，掌握細節的手部動作與流程吧。

## STEP 3

拉提臉型線條

**紓解側頭肌**

P.56

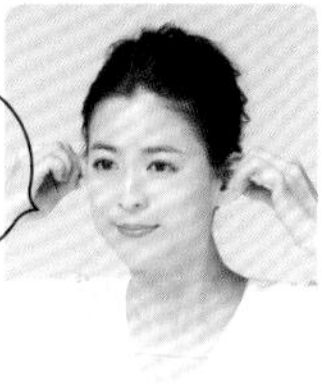

## STEP 4

預防肌肉鬆弛

**額頭**
**拉提矯正**

P.58

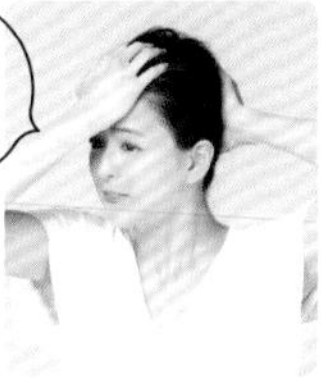

## STEP 7

鼻梁筆直挺立

**鼻梁**
**拉提矯正**

P.64

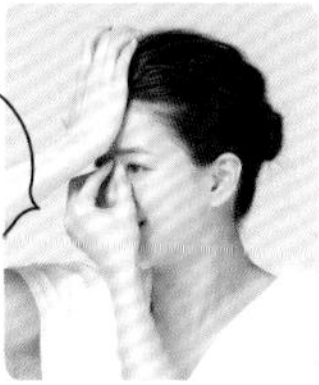

## STEP 8

消除臉部浮腫

**淋巴推壓按摩**

P.66

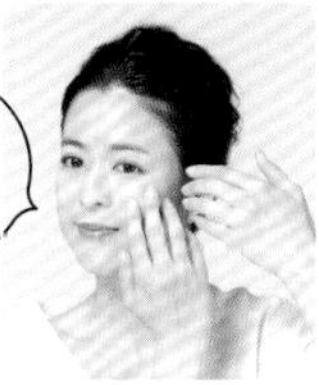

# 促進淋巴流動
# 紓解胸鎖乳突肌

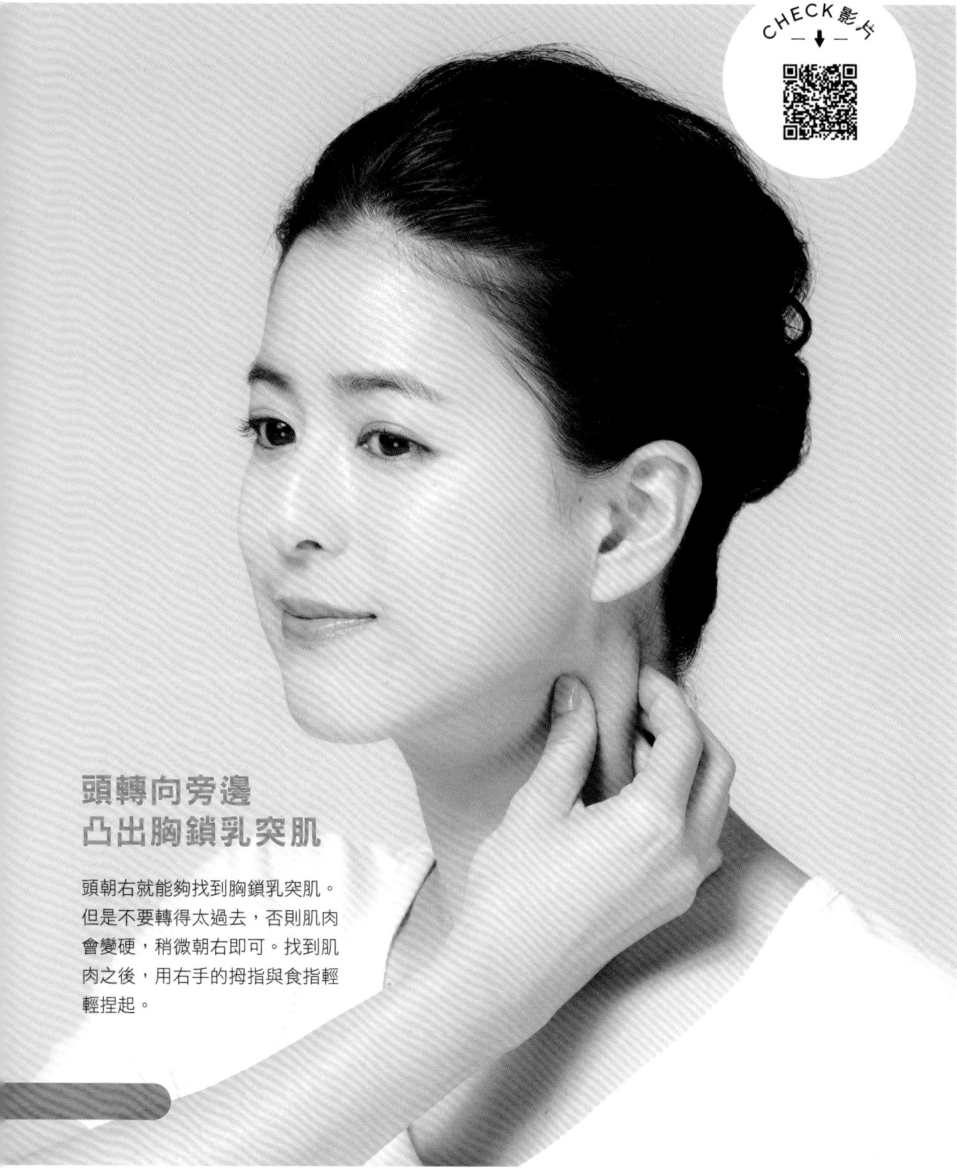


## 頭轉向旁邊
## 凸出胸鎖乳突肌

頭朝右就能夠找到胸鎖乳突肌。但是不要轉得太過去，否則肌肉會變硬，稍微朝右即可。找到肌肉之後，用右手的拇指與食指輕輕捏起。

胸鎖乳突肌是轉頭時浮出於耳下至鎖骨、用來支撐頭部的肌肉。這條肌肉若是僵硬，淋巴液就會滯流，有時甚至會導致臉部肥大，要用揉捏的方式來紓解僵硬的肌肉。

## 按摩紓解胸鎖乳突肌

輕輕按摩胸鎖乳突肌。從耳下朝鎖骨慢慢揉捏。

左右各 3~5次

# 排出老舊廢物
# 伸展胸鎖乳突肌

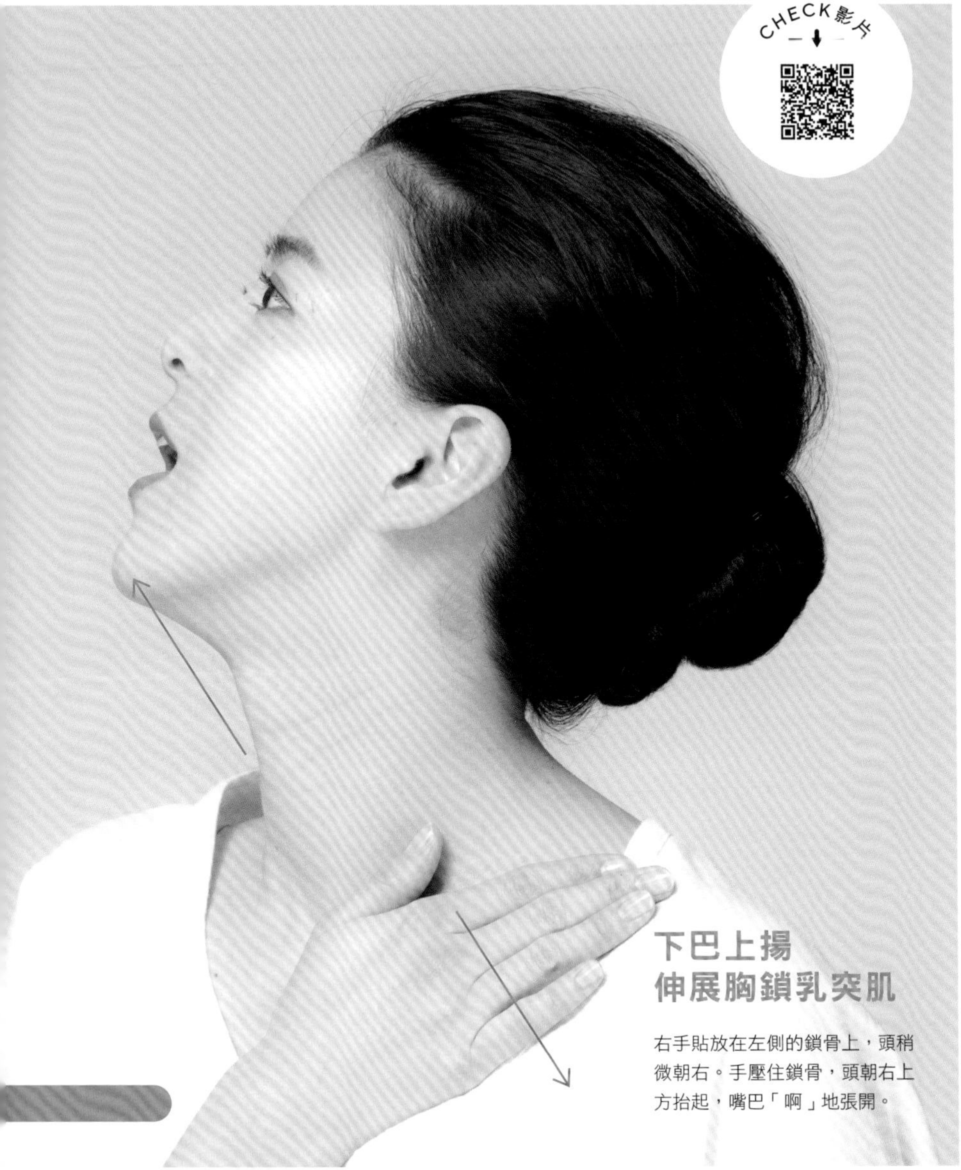


## 下巴上揚
## 伸展胸鎖乳突肌

右手貼放在左側的鎖骨上，頭稍微朝右。手壓住鎖骨，頭朝右上方抬起，嘴巴「啊」地張開。

這是伸展胸鎖乳突肌的按摩運動。這個部分的肌肉要先紓解再伸展，讓滯流在臉部周圍多餘的淋巴液回到脖子與鎖骨這個部位的大「淋巴結」。這樣脖子不僅可以舒展開來，臉部周圍與下巴的線條也會更加緊實俐落！

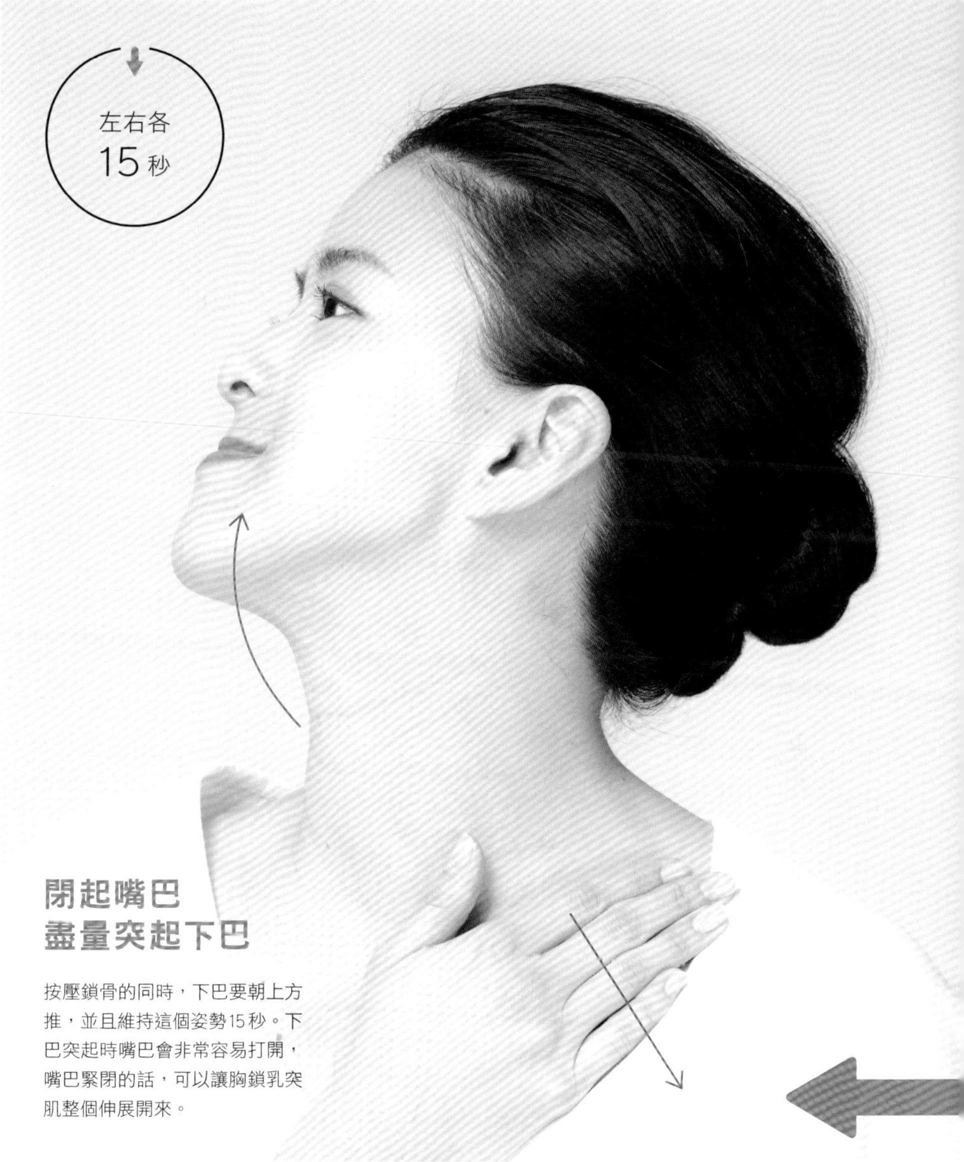




## 閉起嘴巴 盡量突起下巴

按壓鎖骨的同時，下巴要朝上方推，並且維持這個姿勢15秒。下巴突起時嘴巴會非常容易打開，嘴巴緊閉的話，可以讓胸鎖乳突肌整個伸展開來。

# 拉提臉型線條
# 紓解側頭肌

## 輕輕按摩
## 紓解側頭肌

手指第一關節彎曲之後放在耳朵上方的側頭肌，一邊用指腹按壓，一邊轉動，以畫小圓的方式按摩。按摩15秒，讓側頭肌整個紓解開來。

對習慣咬牙根或者是過度用眼的人來說，耳朵上方的側頭肌非常容易僵硬。頭皮只要僵硬，本應靠頭皮拉起的臉型就會鬆弛，因此要藉由按摩以及轉耳來紓解。

## 拉耳轉動
## 紓解側頭肌

接下來拉拉耳朵，紓解側頭肌。手指捏住耳朵，一邊輕拉，一邊往前轉，以紓解耳朵後方緊繃的側頭肌，放鬆僵硬的頭皮。

# 預防肌肉鬆弛
# 額頭拉提矯正

## 手掌貼放在眉間上方

掌根（靠近手腕的隆起部位）貼放在眉間上方，拉起額頭。

額頭這個部位會隨著年齡增長而下垂，是導致臉型鬆弛的原因，所以要一邊按壓，一邊拉提額頭。除此之外，這個按摩操還能夠促進皮膚深處的真皮新陳代謝，可讓肌膚有彈性，預防鬆弛。

## 一邊往後拉壓
## 一邊在額頭推壓

放在眉間上方的右手緊緊按壓，並同時將額頭往上拉，同時另外一隻手放在後腦杓往下拉壓。

# 防止臉部變大
# 按壓臉頰

CHECK影片

## 按壓臉頰周圍的肌肉

掌心貼放在頰骨隆起的部位，按壓之後將頰骨朝眼頭斜推。

推壓臉頰的目的，是為了預防臉型外擴。只要用手掌推壓，就能夠一邊塑整臉型，一邊改善肌肉僵硬與浮腫的問題，而且還可以拉提法令紋，有效預防鬆弛。

## 手放在後腦杓繼續推壓

另外一隻手放在後腦杓上，位置與臉頰上的那隻手呈對角線。手掌朝眼頭稍微用力推壓。

# 有效避免腮幫變大
# 下巴左右運動

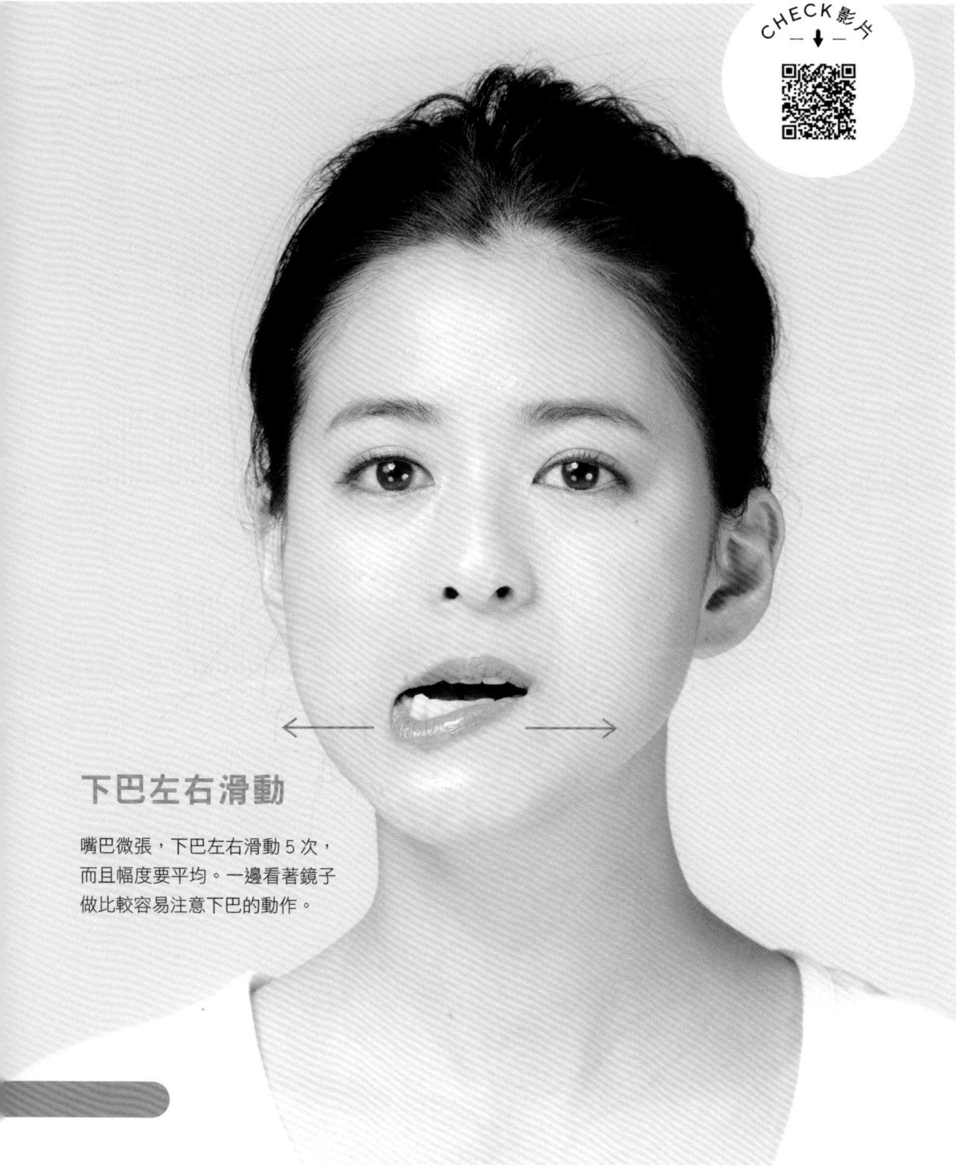


## 下巴左右滑動

嘴巴微張，下巴左右滑動 5 次，而且幅度要平均。一邊看著鏡子做比較容易注意下巴的動作。

下巴運動不僅可以紓解顳顎關節的僵硬肌肉，同時還能塑整變大的腮幫以及僵硬歪曲的下巴周圍。如此一來就能夠塑整臉型，嘴巴開合更加順暢。只要整張臉的血路流暢，浮腫問題就能迎刃而解。

## 下巴前後滑動<br>最後開口說「啊」

接下來凸出下巴，前後來回滑動5次之後，最後下巴往前滑，嘴巴大大地張開說「啊——」。



3個循環

＼ 最後要「啊——」／

BASIC METHOD STEP 7

# 鼻梁筆直挺立
# 鼻梁拉提矯正

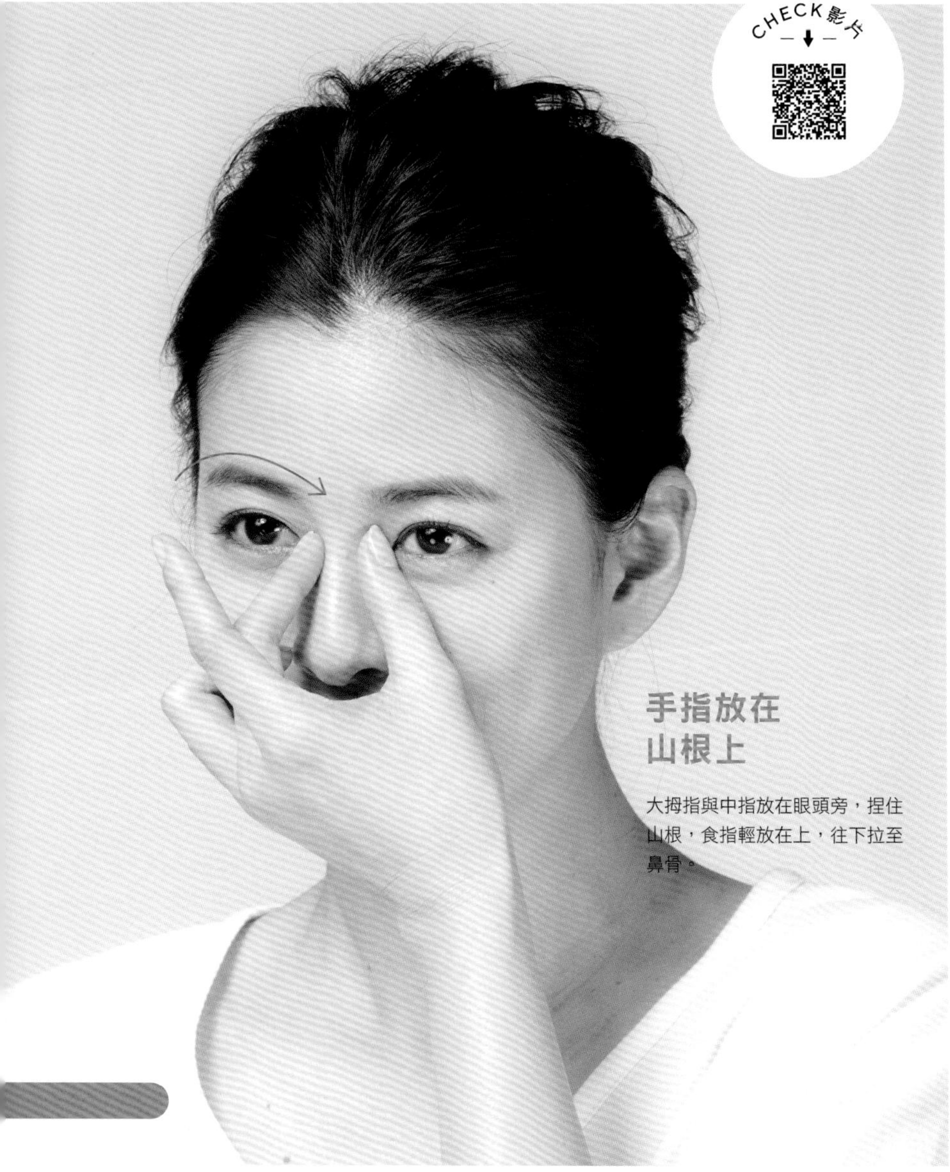

CHECK影片

## 手指放在山根上

大拇指與中指放在眼頭旁，捏住山根，食指輕放在上，往下拉至鼻骨。

額頭肌肉鬆弛或者是眉間浮腫的話，鼻梁就會扁塌，形成一張輪廓不夠明顯的臉蛋。但是只要用指尖捏起山根，就能夠消除浮腫，讓額頭到鼻子這個部分的線條更加清晰。而且這麼做還可以讓眼睛看起來更大！

## 推壓額頭 下拉山根

另外一隻手的掌根貼放在眉間上方的額頭突起處。一邊朝上推壓額頭，一邊下拉捏起的山根，維持5秒。

# 消除臉部浮腫
# 淋巴推壓按摩

## 讓臉部的淋巴液匯流至耳下

接下來讓整張臉的淋巴液匯流至耳下的腮腺淋巴結上。雙手手掌或指腹從臉部內側朝外側輕撫，依照額頭→耳下、臉頰→耳下，以及下巴→耳下的順序按摩。

流經皮膚正下方的淋巴液若是滯流，臉部就會浮腫，因此我們要輕撫臉龐，讓多餘的淋巴液朝耳下與鎖骨之間較大的淋巴結處流動，及早將其從臉上紓解。只要浮腫問題一解決，整個臉龐的線條就會變得俐落流暢。



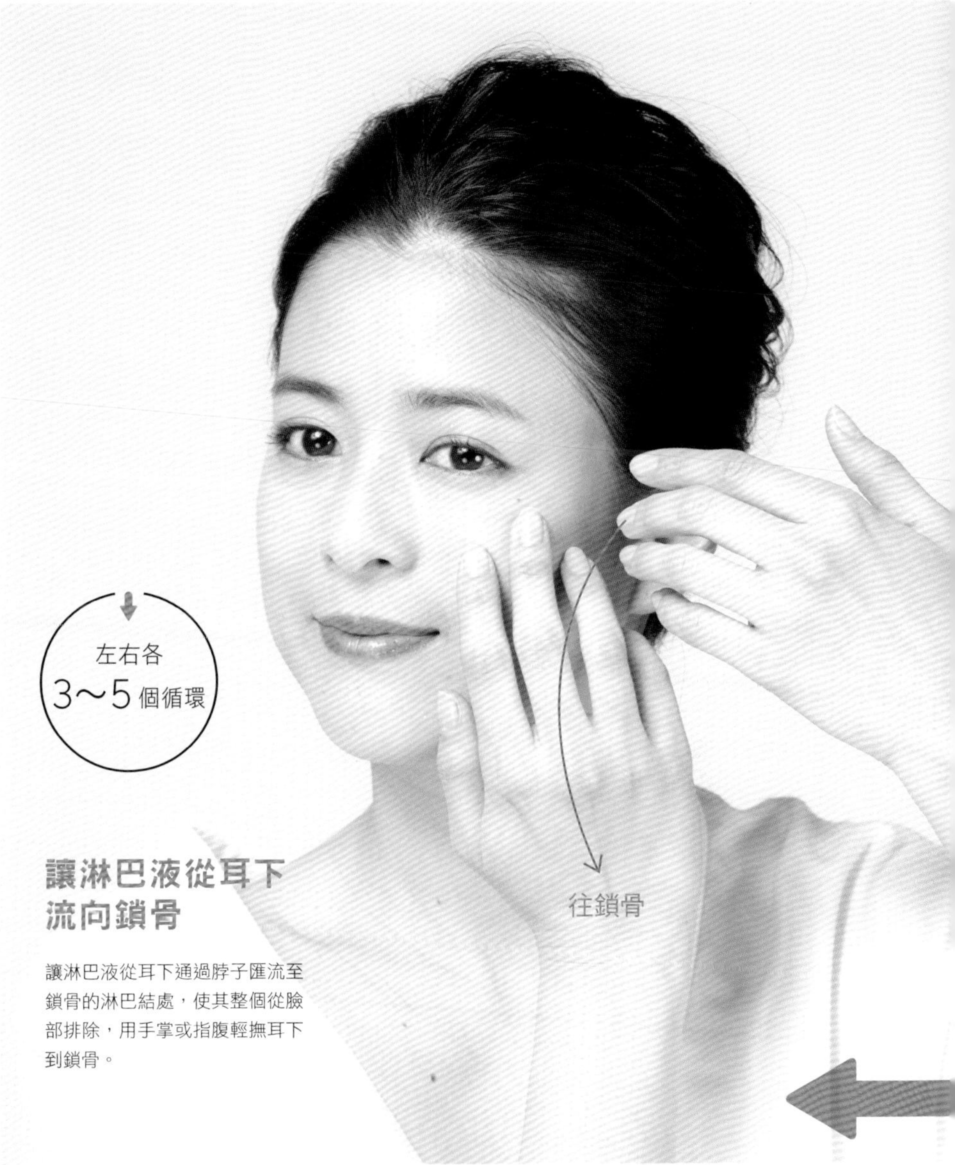


## 讓淋巴液從耳下流向鎖骨

讓淋巴液從耳下通過脖子匯流至鎖骨的淋巴結處，使其整個從臉部排除，用手掌或指腹輕撫耳下到鎖骨。

# Lesson 3

# 加強按摩護理進一步解決臉部問題

「Lesson 3」要介紹的是搭配基本8步驟效果會更好的加強按摩護理方式。這一章我們要針對圓臉、下垂、雙下巴、腮幫變大與鬆弛等令人煩惱的肌膚問題來解決，就請大家根據自己的臉部問題來選擇吧。

在介紹的這幾個護理方式當中，無論是誰，最好是能夠定期實行的是P.70～與P.72～的按摩方式，也就是胸部到肩胛骨的按摩護理方式。胸部這一帶的筋骨沒有好好舒張開來，或者是肩胛骨僵硬的話，原本應該回到體內的淋巴液就會囤積在臉部，導致肌肉下垂或浮腫，如此一來難免會形成圓臉。而像這種脖子以下的按摩護理方式，可以改善淋巴液滯流在臉部的症狀，為瘦臉打好根基。部分小臉沙龍中心只強調護理臉部周圍，但是在我經營的小臉美容矯正沙龍裡，卻為大家規劃了舒展胸部與肩胛骨這個按摩療程，大家務必要善用這兩種護理方式，充分體會到其所帶來的瘦臉效果。

另外，當我們在護理臉部時，也要與基本步驟一樣先塗抹一層乳液等，這樣按摩會更加順暢，而且在按摩的過程當中，還可以順便保養肌膚。

# 有效改善圓臉！
## 擴胸運動

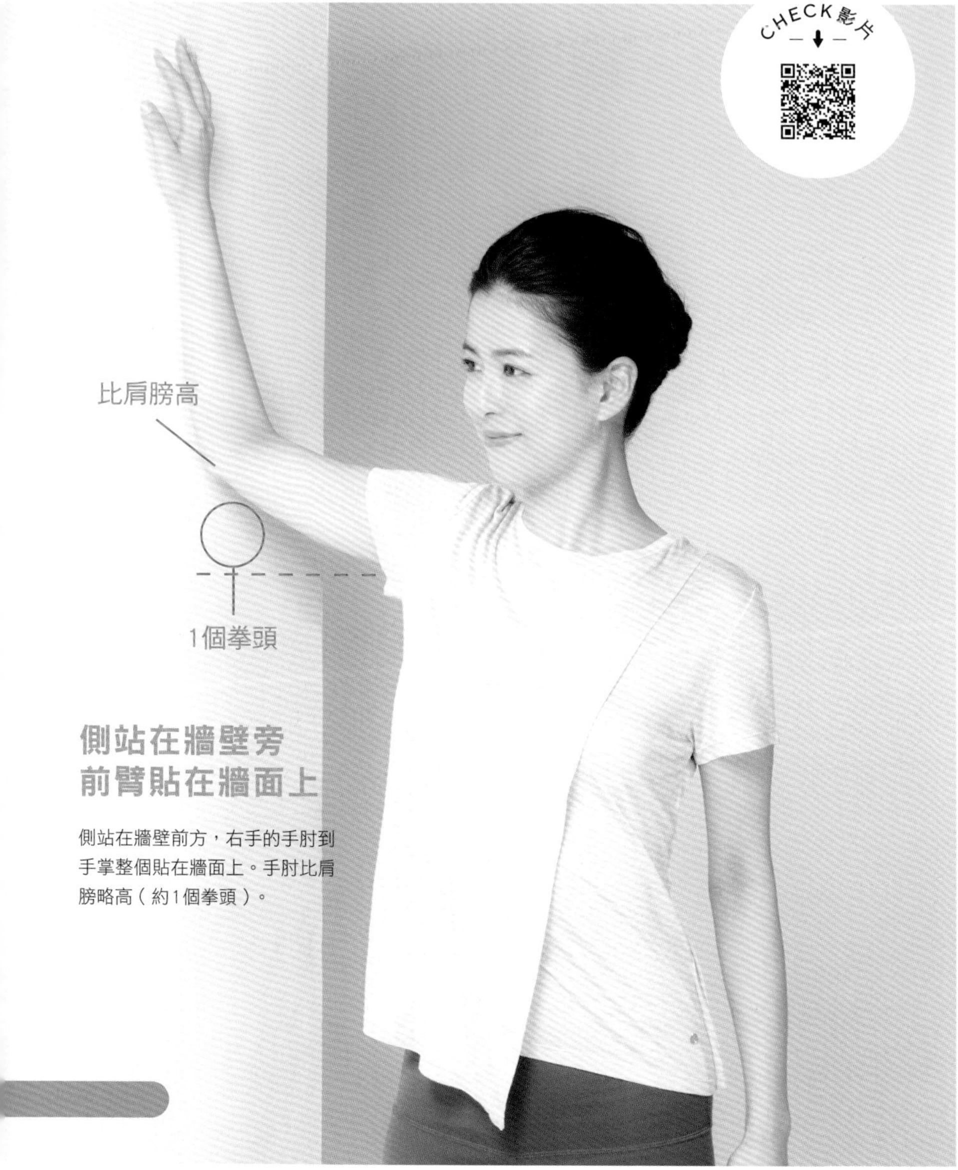


### 側站在牆壁旁
### 前臂貼在牆面上

側站在牆壁前方，右手的手肘到手掌整個貼在牆面上。手肘比肩膀略高（約1個拳頭）。

肉餅臉如此渾圓的主因，是囤積在臉部的老舊廢物所造成的浮腫現象。若要將其排除，勢必要擴展與淋巴液通道有關的脖子、手臂與胸部。這麼做不僅可以消除浮腫，還能夠有效改善駝背問題。

## 擴展胸部
## 矯正姿勢

以貼放在牆上的前臂為支撐，身體稍微朝外，敞開胸部，臉朝外維持30秒，以便擴展容易彎曲的背部，矯正姿勢。

左右各
30秒

# 塑造俐落臉型
## 肩胛骨運動

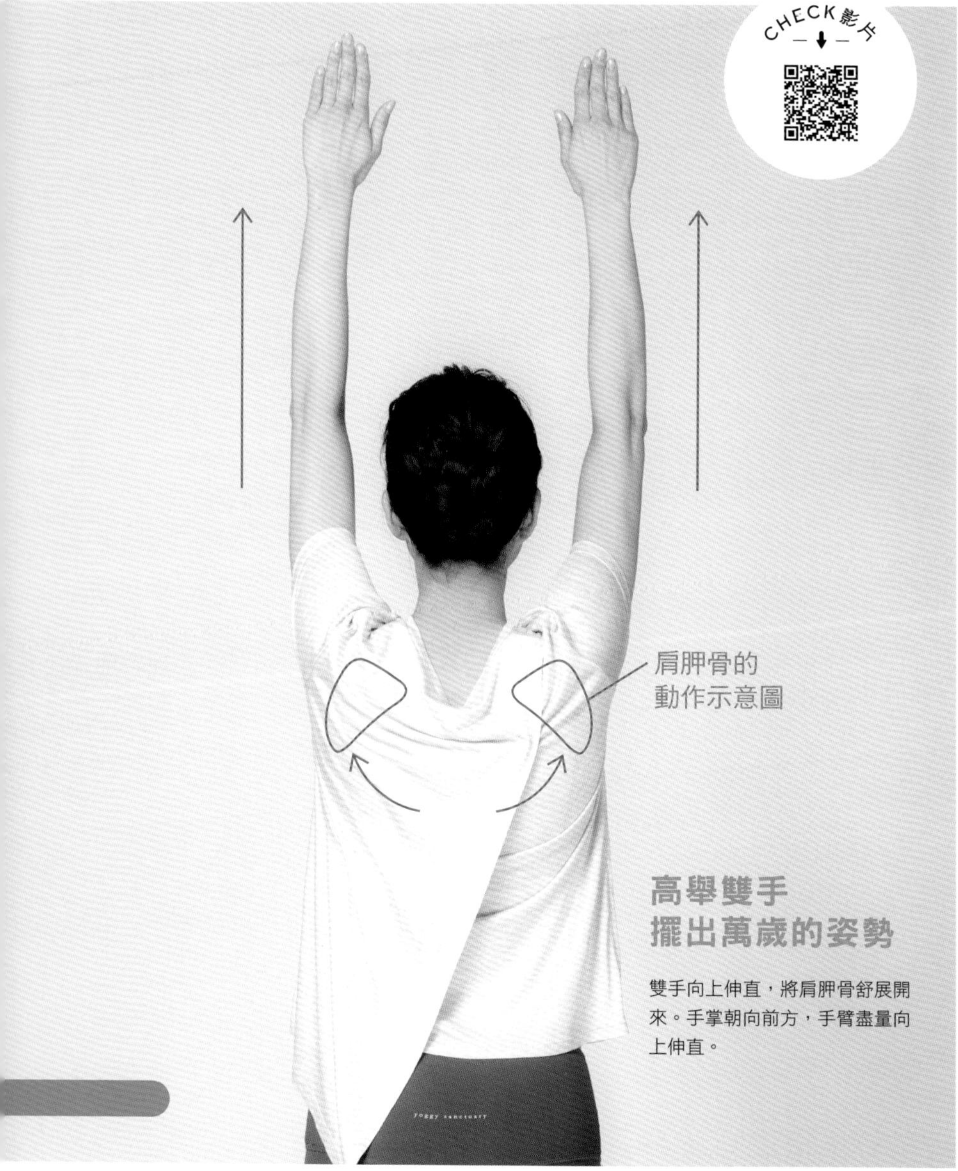


### 高舉雙手
### 擺出萬歲的姿勢

雙手向上伸直，將肩胛骨舒展開來。手掌朝向前方，手臂盡量向上伸直。

姿勢不好的話，肉就會囤積在下巴，成為雙下巴形成的原因。而這個肩胛骨運動可以改善姿勢，讓臉型的線條更加俐落流暢。另外，原本往前傾的脖子也會回到原本的位置上，脖子一筆直，就能夠展現出瘦臉效果。

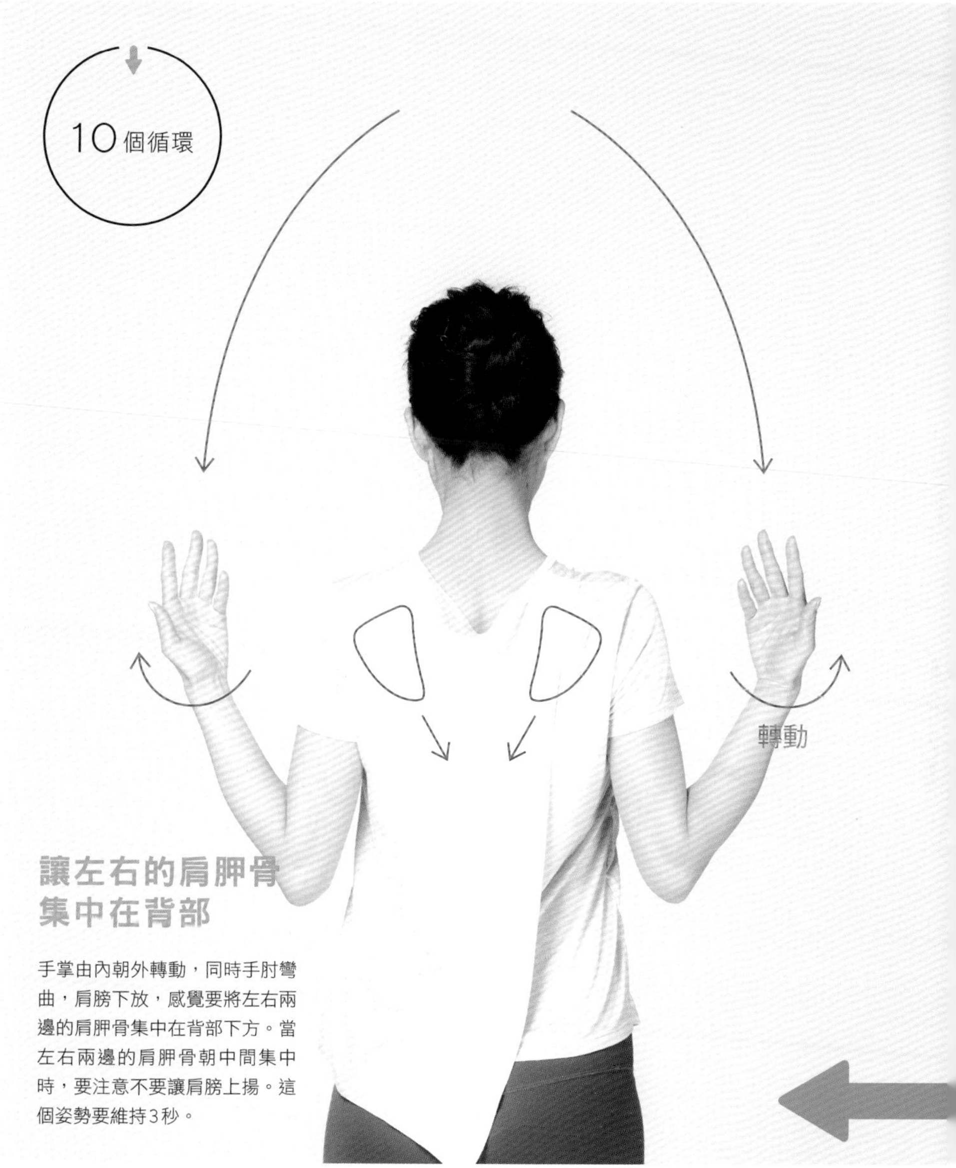




## 讓左右的肩胛骨集中在背部

手掌由內朝外轉動，同時手肘彎曲，肩膀下放，感覺要將左右兩邊的肩胛骨集中在背部下方。當左右兩邊的肩胛骨朝中間集中時，要注意不要讓肩膀上揚。這個姿勢要維持3秒。

# 消除臉部浮腫
# 脖子舒展運動

CHECK影片

## 手放在肩膀上
## 頭部朝向斜下方

右手放在左肩上。頭部與手反方向，低頭望向右下方，以舒展左邊的脖頸子。

一邊紓解支撐脖子的胸鎖乳突肌，一邊刺激位在耳下與鎖骨等與臉部浮腫有關的大淋巴結，以便排出囤積在下巴與臉部周圍的多餘水分及老舊廢物，消除浮腫。

左右各
5 個循環

## 下・中・上依序 活動頭部

轉向右側的頭部像點頭一樣，慢慢地由下→中→上抬起之後，再慢慢地由上→中→下低看，盡量讓脖頸子整個舒展開來。

# 改善嬰兒肥
## 抬頭舒展運動

CHECK影片

**雙手放在**
**脖子前方的鎖骨上**

雙手交叉放在鎖骨上，往下拉。

這個舒展運動可以刺激脖子周圍的淋巴結。下巴底部～鎖骨這個部分只要舒展開來，就能夠將滯流在臉部與脖子周圍的多餘老舊廢物回收到鎖骨的淋巴結上。如此一來厚實的下巴與臉型線條就會變得更加俐落，就連因為浮腫而下垂的肌肉也可一併消除！

## 仰頭抬起下巴 閉起雙唇

一邊抬起下巴，一邊仰頭並閉起雙唇。抬頭時往往會不自覺地張開嘴巴，此時只要緊閉雙唇，就能夠將頸部整個舒展開來。

15秒

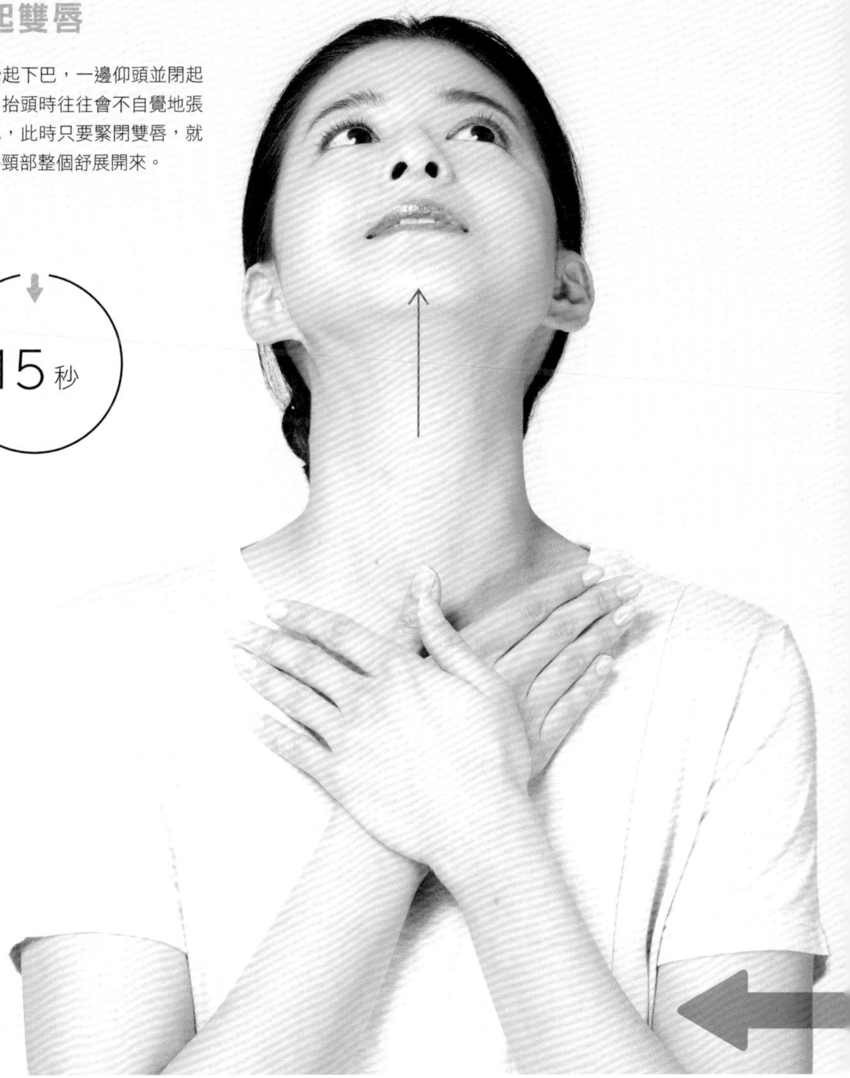

# 改善下巴歪曲
# 下巴按壓矯正運動

## 下巴向前凸出

下巴向前凸，用掌根頂住5秒，讓兩邊力道相向。

CHECK!

手指放在耳朵的下方，開閉嘴巴，檢查顳顎關節的動作，確認歪曲的方向。

顳顎關節過於僵硬或者是左右不正的話，就會導致臉型歪曲或腮幫變大。這時候要一邊用手壓住下巴，一邊讓顳顎關節回到活絡的狀態。不易左右移動的人就多動一些，這樣臉型就會慢慢趨近左右對稱了。



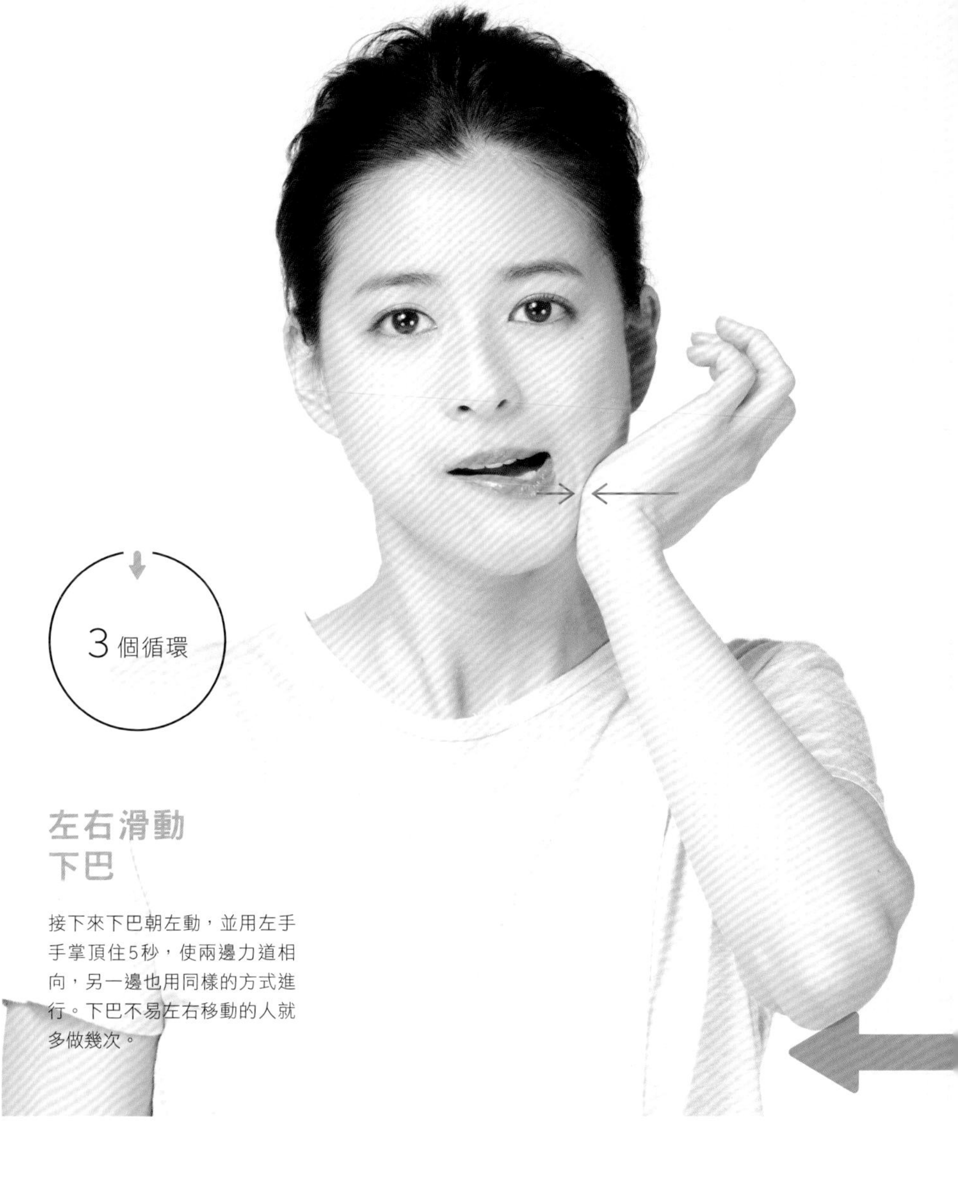

3 個循環

## 左右滑動下巴

接下來下巴朝左動，並用左手手掌頂住5秒，使兩邊力道相向，另一邊也用同樣的方式進行。下巴不易左右移動的人就多做幾次。

# 讓面無表情變得更有活力！
# 顏面表情肌運動

CHECK影片

## 縮起嘴巴
## 再放鬆

先放輕鬆，接著將五官全部擠在一起，緊閉眼睛，嘴巴朝鼻子靠緊。縮嘴5秒之後再整個放鬆。

## 嘟起嘴巴
## 再放鬆

先放輕鬆再張大雙眼，嘟嘴做出「嗚」的嘴形，維持5秒之後再整個放鬆。

大幅活動表情肌，促進整個臉部的血液循環。血液活絡的同時，還能促進淋巴液流動，進而消除浮腫。原本面無表情的人可以更容易展現笑容，讓表情更加豐富。

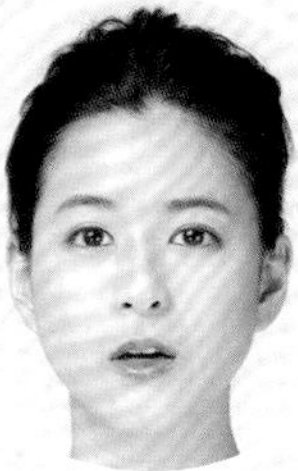

## 眼睛與嘴巴整個張開再放鬆

放鬆之後將嘴巴與眼睛整個張開。睜開眼睛，「啊一」地大大張開嘴巴5秒之後再整個放鬆。

# 修護鬆弛雙頰
# 嘴角上揚運動

CHECK影片

### 用門牙咬住免洗筷

門牙輕輕咬住免洗筷的正中央。

嘴巴周圍與臉頰的肌肉一衰弱，臉就會跟鬥牛犬一樣下垂，這就是大餅臉的成因，所以我們要用免洗筷來鍛鍊這些肌肉，這樣臉部線條就會變得更加緊緻，嘴角也會上揚，大幅提升好感度！

3 個循環

## 嘴角整個上揚

嘴角整個往上揚起，位置盡量高於免洗筷，整個揚起之後保持5秒。注意用力之後要整個放鬆。

# 修護國字臉

## 舒展腮幫運動

### 用拳
### 舒展

拳頭握緊之後，第二關節貼放在腮幫外側。一邊畫小圓，一邊壓轉30秒，以舒展僵硬的肌肉。

這個按摩方法可以舒展導致腮幫變大的肌肉。將手指的第二關節貼放在部位上，以稍微疼痛但舒適的力道放鬆僵硬部位。如此一來顳顎關節在活動時會更加順暢，因為腮幫凸出而形成的國字臉得以塑整，讓整個臉型變得更加俐落流暢。

## 用手掌按壓

接著用手掌按壓，將腮幫凸出的部分推進去。指尖放在後方，用掌根貼放在腮幫上，朝內按壓5秒，同時嘴巴微張。

# 改善雙下巴

## 伸舌運動

### 下巴往上抬
### 伸出舌頭

頭慢慢往後仰，下巴朝上，讓下巴～脖子整個舒展開來。對著天花板張嘴吐舌，像是要把整個舌頭從喉嚨深處吐出來。

想要護理會隨著年齡衰弱的舌肌，最有效的方法就是讓平常不會刻意使用的舌頭運動。只要下巴朝上，整個舌頭吐出來左右活動，就能夠讓舌肌擺脫衰弱，同時消除下巴周圍的贅肉。

Lesson 1 Lesson 2 Lesson 3 Lesson 4

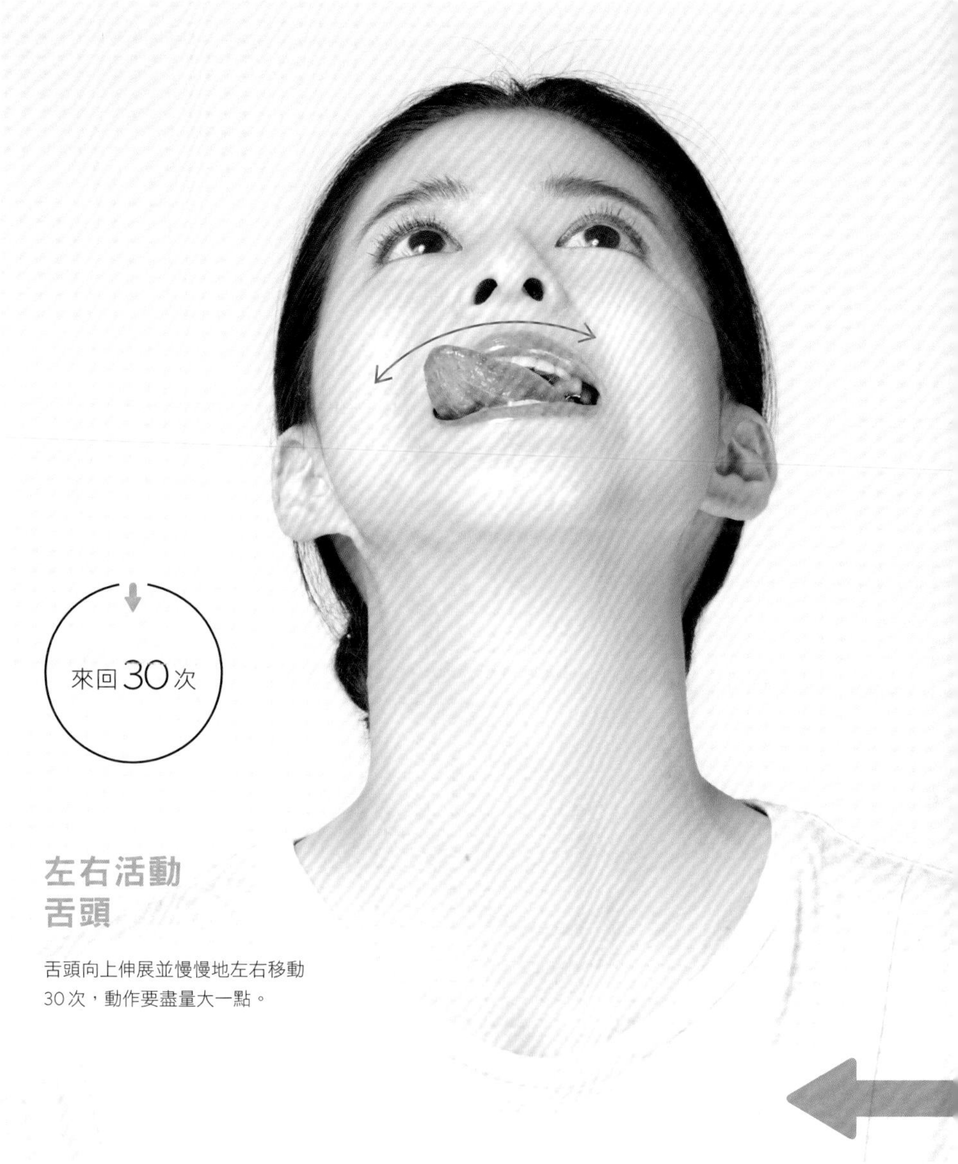

來回30次

## 左右活動舌頭

舌頭向上伸展並慢慢地左右移動30次，動作要盡量大一點。

# 防止臉部歪斜
# 翼內肌舒展運動

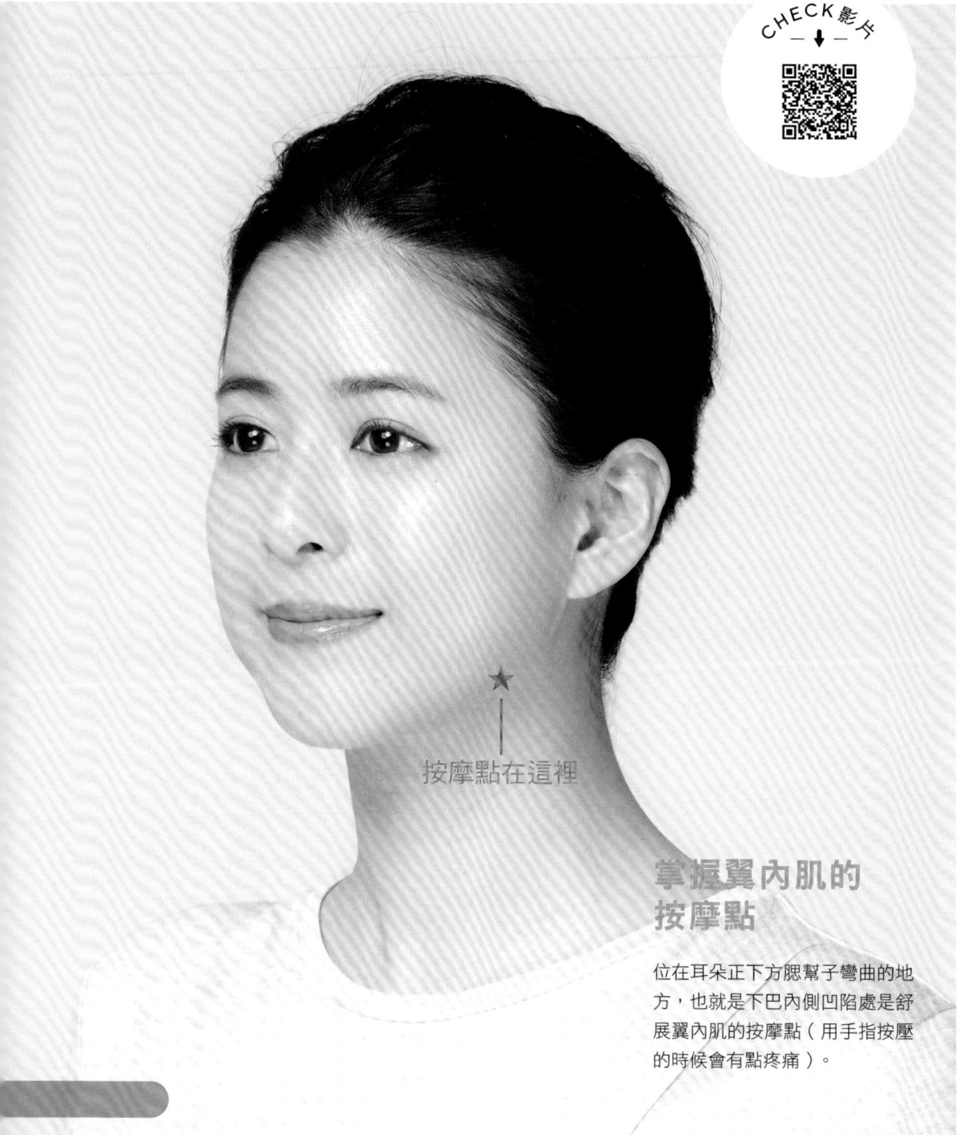


## 掌握翼內肌的按摩點

位在耳朵正下方腮幫子彎曲的地方，也就是下巴內側凹陷處是舒展翼內肌的按摩點（用手指按壓的時候會有點疼痛）。

咀嚼食物時會用到的是口內的翼內肌。這個部分若是僵硬，嘴巴就會張不太開，同時咬緊牙根也會讓腮幫凸出來。這時候要用指尖從臉部外側慢慢將肌肉舒展開來。

左右各
1個循環

## 用大拇指
## 按壓同時舒展

大拇指放在按摩點上，輕按5秒。一邊錯開下巴的凹陷處，一邊舒展3根手指寬的肌肉。

# 小眼睛變大！
# 眼周按摩運動

## 用大拇指按壓
## 眼頭上方的骨頭內側

用手指按壓眼頭正上方的骨頭內側。用大拇指的第一關節到指腹這個部位按壓 2 秒，注意不是用指甲，也要小心別壓到眼球。

看手機等用眼過度的話，疲勞的眼睛會導致周圍的淋巴液滯流，使得眼睛不夠明亮。但是只要從眼頭上方一直按壓到眉峰，刺激淋巴，消除浮腫，就可以讓眼睛變得炯炯有神，塑造令人難忘的亮麗眼神。

左右各
3個循環

## 移動手指
## 一邊按壓至眉峰

從眼頭開始，每錯開一根手指的距離就按壓2秒，一直按壓到眼睛的延長線上（眉峰處），也就是約3根手指的距離。

# 拉提鬆弛肌肉
# 後頭部按摩運動

15秒

CHECK影片

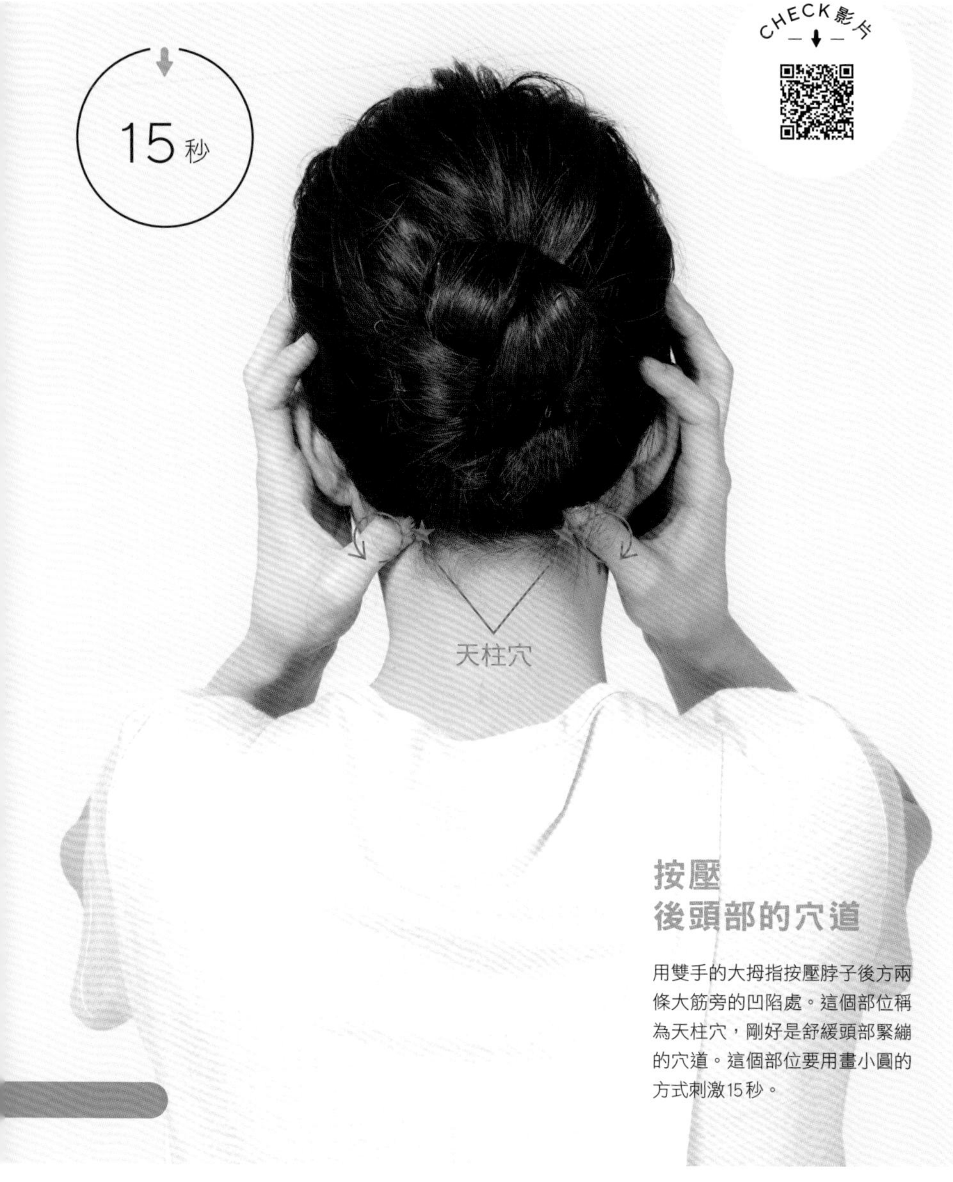


## 按壓
## 後頭部的穴道

用雙手的大拇指按壓脖子後方兩條大筋旁的凹陷處。這個部位稱為天柱穴，剛好是舒緩頭部緊繃的穴道。這個部位要用畫小圓的方式刺激15秒。

習慣咬牙根以及努力過頭的人，頭部肌膚會比我們想像的還要緊繃。這個部位或許會讓人以為與臉部似乎毫無關聯，然而鬆弛的臉蛋卻是以這張相連的頭皮為起點。只要好好按摩這個部位，就可以讓整張臉的肌膚更加緊緻。

## 按摩舒緩後頭部

張開五指，像是要拉提頭皮般用指腹按摩整個頭部。

大約
15秒

# 凸顯臉部線條
## 刮痧舒筋按摩

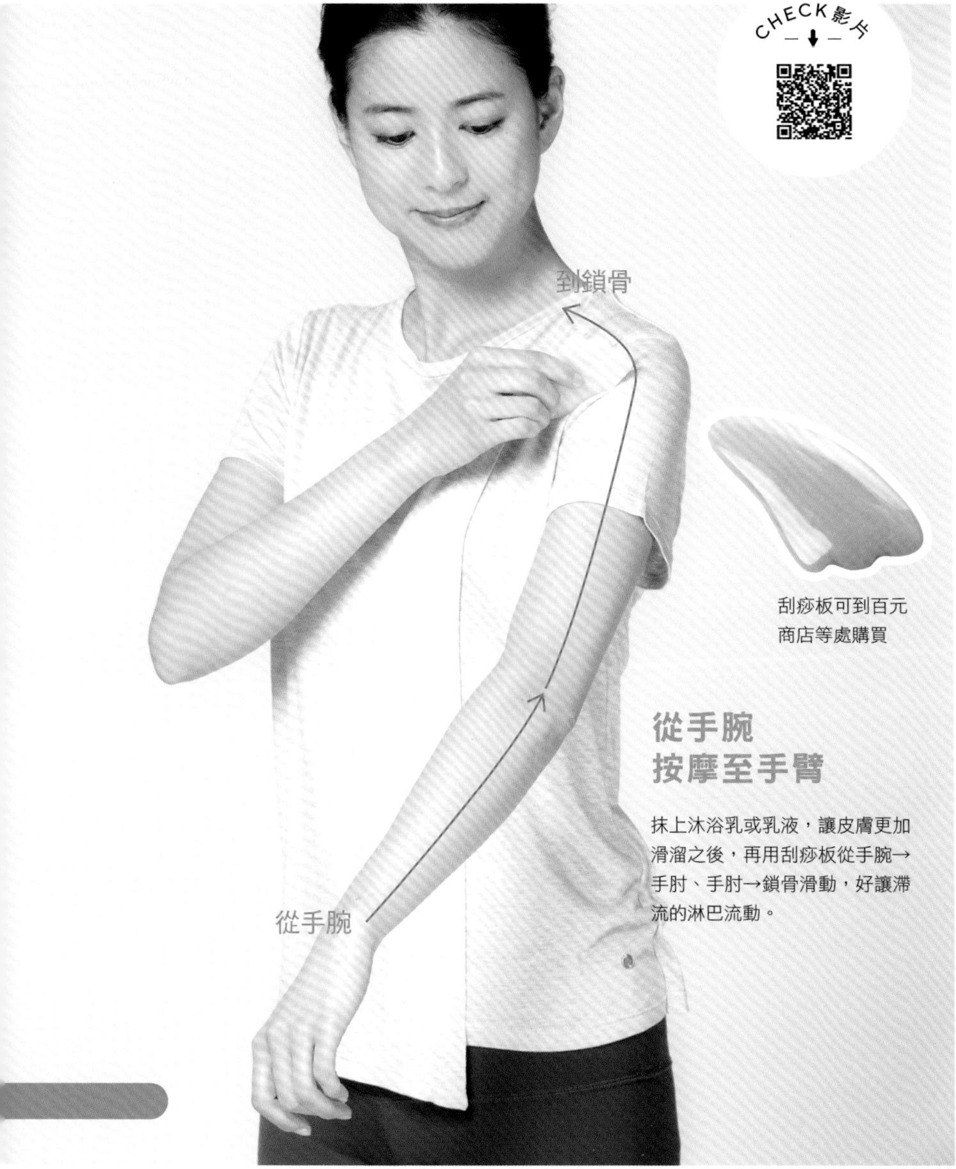


刮痧板可到百元
商店等處購買

### 從手腕
### 按摩至手臂

抹上沐浴乳或乳液，讓皮膚更加滑溜之後，再用刮痧板從手腕→手肘、手肘→鎖骨滑動，好讓滯流的淋巴流動。

脖子、腋下以及鎖骨的大淋巴結一旦阻塞，臉部的淋巴液就會無法順利回收，有時臉型線條還會因為浮腫而變得非常不明顯。而用可以均勻按壓的刮痧板等按摩的話，滯流的淋巴液會更有效率地流動。入浴時，記得要先脫下衣物再來刮痧按摩。

## 按摩 臉部周圍

用刮痧板輕撫而過，一邊依序從額頭→耳下、臉頰→耳下、下巴→耳下按摩之後，再繼續按摩至鎖骨。使用刮痧板按摩，施展的壓力會比用手還要均勻，按摩效果會更好。

# Lesson 4

# 讓小臉繼續維持下去吧

只要照著這本書介紹的小臉按摩操來促進淋巴液流動，讓血流更加順暢的話，所有人的臉蛋幾乎都可以因此變小，而且效果驚人。

不過這些方法所展現的效果只不過是「一時的」，沒有持續的話，就會失去意義。說得更嚴重一點，讓臉變大的姿勢、生活習慣與飲食如果不改善，過沒多久就會恢復原狀。

到目前為止介紹的小臉按摩，能夠有效地將多餘的淋巴液與老舊廢物排出體外，讓臉部輪廓更加俐落流暢，讓肌膚保持青春亮麗。然而只靠按壓與輕撫等技巧就想要解決因為過度飲食而變胖，或者是因為姿勢不良而鬆弛的臉蛋其實並不容易。

長久以來，我在報章媒體上不斷地闡述減肥成功不能只靠運動，重新檢視生活習慣與飲食等基本部分也不容忽視。這一點，塑造小臉時同樣適用。

為了不讓這費心為大家設計的小臉按摩徒勞無功，同時也為了避免效果恢復原狀，我希望大家能夠重新檢視自己日常生活的一舉一動。

# 為了塑造最佳臉型，打造可以維持正確姿勢的體態

## ☑ 維持正確姿勢，小臉也能維持！

我們在「Lesson 1」曾經提到，姿勢若是不佳，臉部周圍的肉就會鬆弛。

支撐臉部正下方的脖子，以及可以成為支柱的脊椎等這些基礎的身體構造，若是沒有維持在正確的位置上，所有部位就會引起不適。這種情況就好比地基沒有打好的大樓，樓層越高，就會越搖搖欲墜的情況是一樣的。

即便是在我經營的小臉美容矯正沙龍裡，雖然有矯正上半身這個療程，但是想要解決臉蛋大小的問題，勢必要從脖子或脊椎對症下藥。

乍看之下會覺得這個療程似乎與臉部不相干，但是只要維持正確的姿勢，下巴周圍的線條照理說應當會變得十分清晰俐落。首先，我要教導的是日常生活中基本的「站」與「坐」這兩個動作的正確姿勢。接下來我還會介紹一個可以鍛鍊體幹，培養健壯身體的其中一種體幹訓練法，「提臀運動」。至於今後你的臉型會相差多少，我想有沒有做一看就明瞭。

想要保持小臉，
就不能忽視
平時的姿勢喔！
要注意脖子
與脊椎的位置
正不正確。

# 正確站姿

CHECK影片

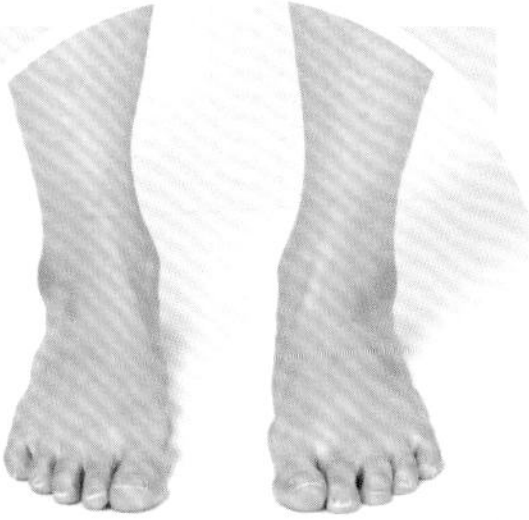

1

**雙腳
打開站立**

雙腳打開一個拳頭寬，
腳尖朝正前方。

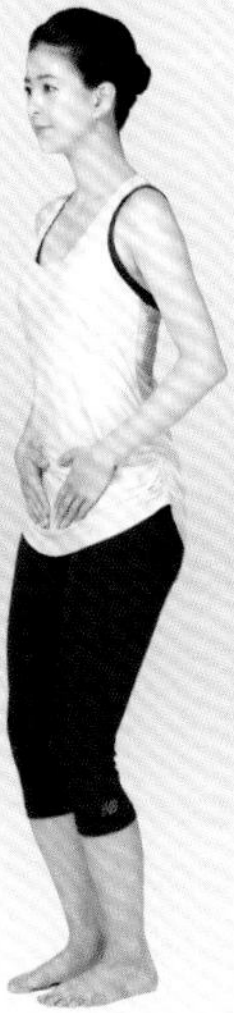

2

**雙手放在骨盆上，
掌握正確位置**

大拇指與中指比出三角形，貼放在肚子上，擺出骨盆與地板呈垂直狀態的姿勢之後，膝蓋微曲。但要注意膝蓋不可朝內。

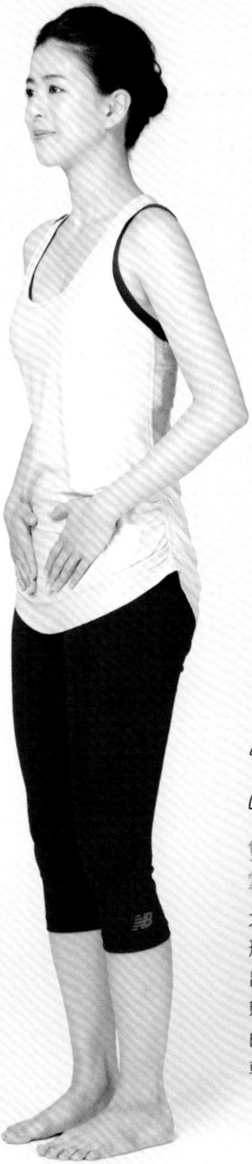

3

**膝蓋
慢慢伸直**

固定骨盆的位置，同時彷彿要緊縮肛門般慢慢將膝蓋伸直。在快要伸直的前一刻停住不動（膝蓋整個伸直反而會讓身體後彎，要注意）。

# 正確坐姿

CHECK影片



## 坐的時候
## 骨盆稍微往前傾

坐的時候頭盡量在骨盆的正上方。骨盆筆直立在椅面時如果會覺得疼痛的話，那就把坐骨稍微往後推，讓骨盆略為前傾，這樣坐起來會比較舒服。

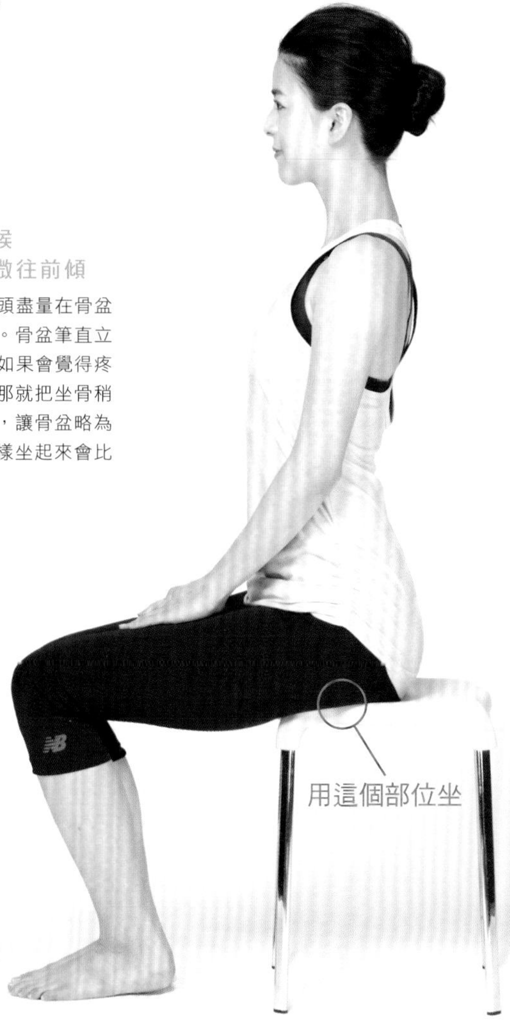

## ☑ 好好鍛鍊體幹，不讓下巴囤積贅肉！

體幹沒有鍛鍊，身體就會搖搖欲墜，難以維持正確的姿勢。

而這裡要建議的訓練方法，就是把屁股抬起的「提臀運動」。

這是用來鍛鍊支撐身體時非常重要的臀部、背部與腹部等部位的肌肉，同時塑造一個不會搖晃的身體。只要脊椎矯正至正確的位置上，姿勢就能夠得到改善。

體幹一鍛鍊，就不會再駝背，挺直站立，如此一來脖子就能伸直，站姿也會變得更漂亮，而且下巴也不會囤積多餘的贅肉，這樣臉看起來會更小喔。所以就讓我們把這個提臀運動當作今後的預防對策，好好執行吧。

順帶一提，有些立志瘦臉的人會問：「盤腿坐不僅姿勢不良，還會導致臉部歪曲，這樣不太好，是吧？」就我看來，這個問題其實不需太過擔心，因為人體的內臟與骨骼原本就是左右不對稱，更何況也沒有人左右兩手都能夠同等運用自如，不是嗎？的確，不對稱的姿勢維持好幾個小時的話骨盆會歪斜，甚至造成臉部歪曲。但是這種情況只要偶爾換個姿勢就沒問題，所以我覺得不需過於神經質。

與其擔心這個問題，鍛鍊一個可以維持正確姿勢的體幹才是保持小臉的先決條件。

# 改善姿勢的提臀運動

CHECK影片

## 1 仰躺屈膝

仰躺之後膝蓋彎曲，雙腳打開一個拳頭寬，腳跟盡量放在膝蓋下方。

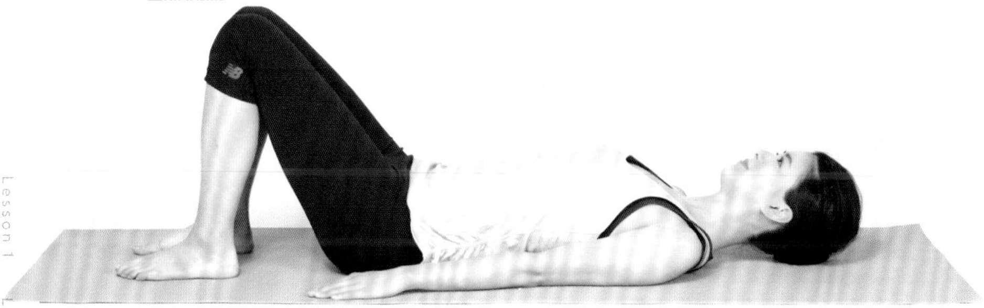

10 個循環

## 2 臀部從骨盆慢慢抬起

一邊整個壓住胸口，一邊彷彿捲曲般將臀部從骨盆抬起。腳跟貼放在地面上，臀部緊縮，盡量不要挺出腰部。支撐5秒之後再從背部慢慢放下身體。

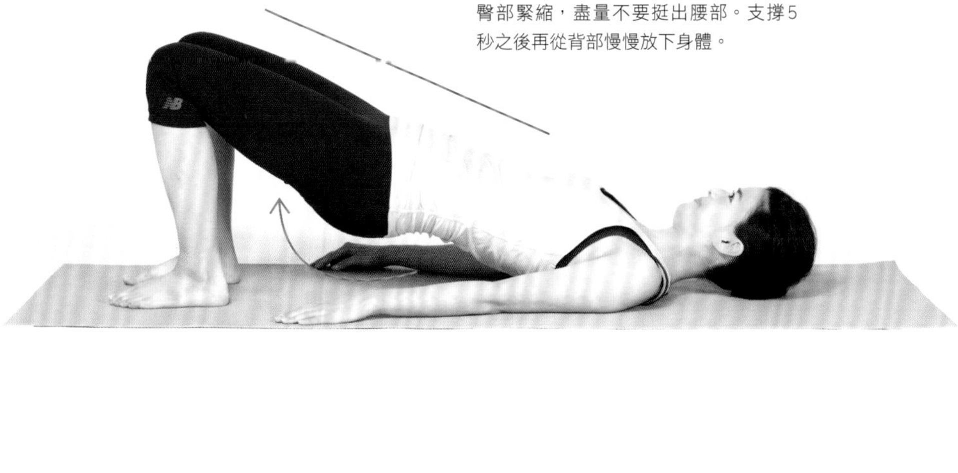

# 生活習慣與壞毛病，重新檢視才能永保小臉！

## ☑ 改變張嘴與用嘴呼吸的習慣就能瘦臉！

對了，大家呼吸時是用鼻子呢？還是嘴巴呢？

維持小臉要隨時牢記一件事。那就是要用從鼻子吸氣的「鼻呼吸法」。

基本上人們都用鼻子呼吸。但意外的是，用嘴巴呼吸的人似乎也不少。大家是不是常看見嘴巴會毫不自覺張開的人？這就是用嘴呼吸的特徵。或許會有人驚覺「原來我也是?!」然而用嘴呼吸這個方式對於瘦臉根本就是百害而無一益。

因為一直用嘴呼吸的話，唾液一乾，嘴巴就會變得口乾舌燥。

唾液具有自淨作用，可以驅逐細菌與病原菌。一旦減少，就會增加罹患蛀牙與牙周病的風險。蛀牙和牙周病會影響到牙齒的排列和咬合，一旦養成不當的咀嚼習慣，臉型就會歪曲。因此想要瘦臉，就要了解用嘴呼吸所帶來的不良影響。

另外，用嘴呼吸的話，呼吸次數會增加，這樣反而會讓體內吸入過多氧氣。乍看之下會以為氧氣有益人體，其實適量的二氧化碳反而可以扮演調節這個角色，幫助細胞吸收血液中的氧氣。這種情況若是失衡（氧氣供給量超過二氧化碳），就會出現體內雖有氧氣，但是細胞卻含氧量不足的現象，導致新陳代謝變差。

因此一旦用嘴呼吸，就會導致肌膚老化和浮腫。

但是改用鼻子呼吸的話，情況反而會逆轉。

這種呼吸方式因為要閉上嘴巴，口中不會乾燥，如此一來可以改善口腔內部的環境。此外，位在鼻子深處的鼻竇部位會製造舒張血管的一氧化氮，讓血液能夠輸送到血管末端，進而促進代謝。如此一來肌膚就會更加光滑緊緻，四肢不易冰冷，這也是消除臉部周圍浮腫的對策。

既然要瘦臉，我會希望大家平時要盡量用鼻子來呼吸。

但是在睡覺這個無意識的狀態之下，未必能夠用鼻子呼吸。遇到這種情況，不妨善用嘴貼膠帶，在睡覺這段期間用物理方式來封住嘴巴。

這種嘴貼膠帶可在藥妝店購買。而且這麼做還可以避免睡覺這段時間磨牙，有效預防腮幫變大，值得推薦。

## ☑ 改善睡眠不足與夜貓族生活等習慣是瘦臉的捷徑

許多人就算做了小臉按摩，飲食方面也特別留意，臉卻依舊沒有辦法變小，原因就在於睡眠不足還有夜貓族生活。

先來說明一下睡眠不足和瘦臉的關係。

睡眠不足的話，抑制食慾的荷爾蒙「瘦素（瘦蛋白，leptin）」就會減少，這樣反而會讓促進食慾的「飢餓素（ghrelin）」增加。

對於甜食和油膩食物的需求一旦提高，就會讓人攝取過多的熱量。大家連續好幾天睡不飽時，是不是會格外想要拚命吃醣類與脂肪含量特別高的蛋糕或炒飯呢？這就是「飢餓素」在作祟。

另外一個需要注意的，是夜貓族的生活習慣。

人體內原本就具備了生理時鐘，例如日出而作，日落而息，藉此配合一整天的流程，讓身體處於容易活動的狀態。

一到晚上十點，體內就會增加「BMAL1」這種蛋白質。然而這個BMAL1卻會促進脂肪形成。

屬於夜貓族的人在晚上十點之後通常都會進食。

除非情不得已，否則我們最好還是盡量在晚上九點以前用餐完畢，以免脂肪囤積。

有的人會因為輪班而必須上晚班，或者是晚點下班，在這種情況之下就要多費些心思，盡量提早用餐。就算要吃，也要避免高醣類與高脂肪的食物，並在下班較早的時候正常作息。

另外，大家還要牢記一點，太晚進食的話會對胃腸造成負擔，睡眠品質也會下降，這樣反而會導致惡性循環。

## ☑平衡自律神經，永保小臉！

我們的身體是由交感神經和副交感神經構成的自律神經所掌控。

人體之所以能夠維持固定的心跳數和體溫，全都歸功於自律神經。

交感神經就像是啟動身體的油門，而副交感神經則是扮演著讓身體休息的煞車角色，不管是那一邊，都不能過度運轉。一天當中要活動時需要交感神經，想要放鬆或休息時則是需要副交感神經，兩者都要轉換自如，這才是最理想的狀態。

然而忙碌的現代人即便到了晚上，交感神經依舊非常容易處於優勢。尤其是努力過頭的人在火力持續全開的情況之下，即使晚上想要休息，也無法切換成副交感神經。

交感神經具有收縮血管與肌肉的功能，故會造成虛寒、肌肉僵硬以及淋巴液滯流，甚至導致臉部浮腫。另外，會不經意地咬緊牙根的人，交感神經通常也會比較發達。

而讓亢奮的交感神經轉換成副交感神經的推薦方法就是腹式呼吸。這個方法雖然簡單，卻能夠讓心情整個平靜下來呢。

為了長保小臉，大家一定要試看看。

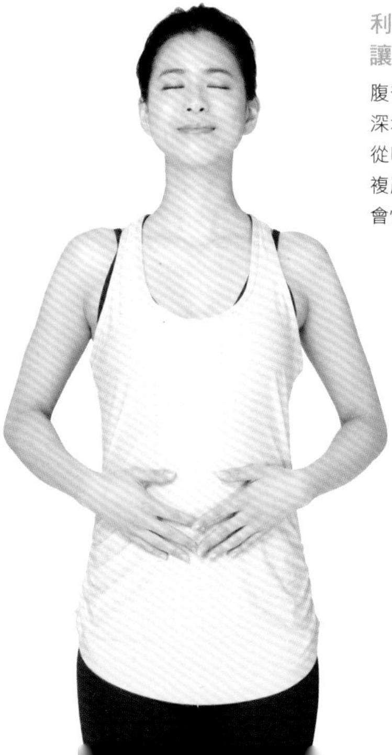

### 利用腹式呼吸讓副交感神經處於優勢

腹部盡量鼓起，從鼻子深深地吸一口氣，再慢慢地從嘴巴吐出來，不斷地重複腹式呼吸，這樣心情就會慢慢地平靜下來。

# 改變飲食，讓臉蛋越來越小！

做了小臉按摩之後成效還是不彰的話，恐怕是囤積的脂肪讓臉蛋變大。這時候不妨重新檢視飲食內容吧。想要減少臉部的脂肪，不管是應當少吃的食物，還是應該攝取的食物，基本上都和以全身減肥為目標的人一樣。

再來，因為食物而導致浮腫的情況也是一樣。所以就讓我們再次回頭看看平常的飲食生活吧。

## ☑ 控制醣類，臉蛋不再浮腫！

大家都知道攝取過多的甜食會導致肥胖，但卻鮮少有人知道臉部的浮腫和鬆弛也與此有關。

先說明臉部浮腫的理由。

1公克的醣類平均會吸收3～4公克的水分。一旦醣類攝取過多，水分就會來不及代謝，讓身體因為這些多餘的水分而浮腫。經常採用限醣減肥方法的人在第一天通常會驚訝自己竟然「減了1公斤」，其實這只是醣類吸收的水分被碳水化合物抽走而減少罷了。也就是說，體重變輕只不過是因為水分變少而已。

再來是鬆弛。P.43曾經簡單提到，體內多餘的醣與蛋白質結合、變質的話，就會產生「糖化」反應，導致肌膚老化。如此一來，維持肌膚緊緻的膠原蛋白就會劣化，使得臉蛋鬆弛變大。

如此浮腫和鬆弛是不容忽視的。因此想要瘦臉，就要好好考量甜食的攝取方式。

舌頭若是習慣一直吃甜食，會讓我們越來越想吃甜的。若是忍不住想要吃添加大量砂糖的糕點餅乾，那麼不妨改吃無糖優格或可可含量較高的巧克力看看，也就是減醣飲食生活，這樣就能慢慢降低想吃甜食的慾望了。

順帶一提，蛋白質、維他命及礦物質這些身體的必需營養素若是不足，就會極度渴望甜食。再加上砂糖具有安定情緒的作用，所以每當人壓力一大，就會忍不住把手伸向甜食。

因此想要避免成為大餅臉，重新檢視營養均衡與生活習慣勢在必行。

## ☑ 戒掉依賴加工食品的生活，擁有小巧臉蛋

一個人住，或者是工作忙到沒時間自炊的人往往不得不仰賴便利商店的食物、即食食品與冷凍食品等加工食品。

雖然未必所有的加工食品都是如此，但是這類食品因為精製度高，所以大多數加工食品的特徵通常是維他命、礦物質、食物纖維不足，而且營養價值偏低。

另外，許多加工食品會含有大量的醣分和脂質，也會以化學調味料來添加鹽分和調味，並且含有防腐劑等添加物。

日本對於添加物的安全標準非常嚴格，盡量不讓消費者產生健康被害意識，安心食用。但是長期食用的話卻會非常容易發胖，甚至還要承擔腸內環境惡化的風險。而人的皮膚之所以粗糙與浮腫，說不定就是過量攝取加工食品造成的，所以我們要盡量重新檢視完全仰賴加工食品的飲食生活才行。



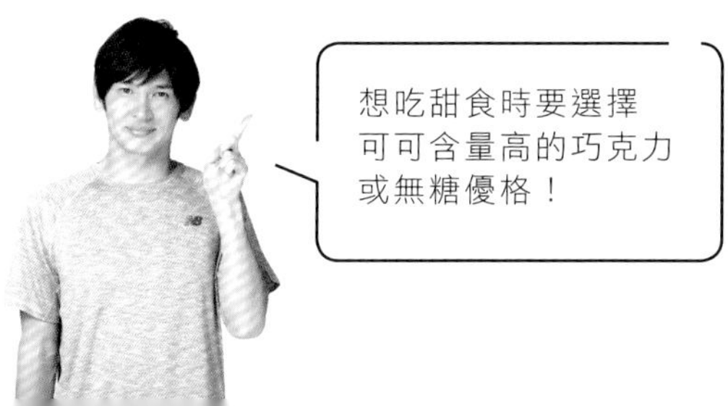
想吃甜食時要選擇
可可含量高的巧克力
或無糖優格！

## 鹽分不過量，臉蛋更緊緻

喝酒時配著香鹹下酒菜的隔天，臉都會跟氣球一樣浮腫……。大家是不是曾經有過這樣的經驗呢？然而臉部浮腫的原因，是鹽分（鈉）過量攝取造成的。

大家在吃調味較重的食物時，應該會想要一直灌水吧。這麼做是為了沖淡體內的鹽分。

體內水分平衡與否，取決於鈉與鉀的濃度。即使鹽分攝取過多，只要多吃一點含鉀的蔬菜，就能夠將鈉排出體外，但是以外食與加工食品為主的飲食生活卻非常容易蔬菜量攝取不足，浮腫問題簡直就是難以消除。

更何況日本傳統的調味料原本就鹽分多，所以人們才會說日本人容易攝取過多鹽分。要是再加上點心、宵夜，還有垃圾食物即食品的話，其實過沒多久，我們體內的鹽分就會超標。

順帶一提，加工食品與零食等垃圾食物往往會讓人忍不住伸出手來「一口接一口」。這些食品的調味往往偏重，這樣才能讓人越吃越上癮。待察覺時，臉早已因為攝取過多鹽分而變圓……這是可想而知的事。因此想要瘦臉，最好的方法就是遠離這些垃圾食物。

若是覺得自己攝取太多鹽分，那就吃些鉀含量豐富的菠菜等蔬菜吧。無法自炊、攝取蔬菜困難的話，多喝一些蔬菜汁也可以。

但要注意的是，有的蔬菜汁裡頭帶有鹽分，有的則是與水果一起攪打。除了鹽分，糖分也是造成浮腫的原因。所以當我們在購買時，要記得確認原料標示欄，盡量選擇只有蔬菜的純蔬菜汁。

## ☑ 酌量攝取脂質，告別大餅臉！

說到熱量的計算，有醣類、蛋白質與脂質這三種營養素。醣類與蛋白質平均1克有4卡的熱量，脂肪1克則有9卡的熱量，算是高熱量，而且是效率非常好的熱量來源。但是反過來說，這也是一種只要少量就能夠讓熱量超標的營養素，要多加留意。

最近坊間流行「多吃肉類，攝取蛋白質」。然而肉類的盲點在於脂肪。脂肪較少的腰內肉與脂肪較多的腰肉熱量相差將近一倍。就算是含有蛋白質的肉類，只要脂肪一多，熱量就會超標，這樣非但瘦不下來，臉當然也會跟著變大。

不僅如此，包含有脂肪的食物當中，最具代表的就是油炸物。像便利商店收銀機旁那些現成的油炸物都要特別留意。

如果是現炸的話那還好，但是油炸物起鍋放了一段時間之後，裡頭的油會氧化，轉變成「脂質過氧化物」這種不討喜的物質。脂質過氧化會損壞細胞，這不僅是造成肌膚加速老化的主要因素，臉部還會因此下垂鬆弛，所以在過量攝取前一定要三思。

而塑造小臉時影響最為嚴重的，就是同時攝取大量脂質與醣類。這麼做一定會變胖，臉還會整個變圓，因此我們要酌量食用甜甜圈或可樂餅這類都是脂質與醣類的食物，可以的話，最好是盡量少吃。

## ☑ 攝取蛋白質，肌膚容光煥發有彈性！

想要瘦臉，應該攝取營養素是蛋白質。

為了減肥只吃青菜，導致蛋白質攝取不足的話，就無法製造從底部支撐肌膚的肌肉，如此一來皮膚就會非常容易鬆弛下垂，非但無法塑造緊緻的小臉蛋，相反地還會失去彈性，甚至因此消瘦憔悴。

無論是光滑緊實的肌膚，還是氣色紅潤的皮膚，甚至是可以成為肌膚基礎的肌肉與造骨，都不能少了蛋白質這個營養素。

我們一日所需的蛋白質為兩片手掌大（約200克）的肉類或魚類。蛋白質會不斷地重複合成與分解，再合成新的物質，因此要天天攝取才行。

蛋白質有肉、魚、蛋之類的動物性蛋白質，以及大豆之類的植物性蛋白質，而理想的攝取比例為7比3。不過吸收率較佳的動物性蛋白質要多攝取一些，這樣吸收才會有效率。

不過，攝取蛋白質時有一點需要留意，那就是過量攝取的問題。因為蛋白質攝取過量也會導致腸道惡化與代謝失衡。

雖然「限醣減肥」這股熱潮極度讚揚蛋白質，但是過猶不及，都不足取。必須根據自己的體質調整攝取適量的蛋白質，避免過多或不足。

吃油炸物的時候
要減少醣質攝取。
如此就能夠避免臉變胖！

## ☑ 補充維他命C，肌膚更加緊緻

維他命也是瘦臉的關鍵因素。

要特別積極攝取的營養素是維他命C，因為維他命C的效果就是幫助維持小臉。

首先我們要利用維他命C來刺激位在肌膚深層的纖維母細胞，輔助膠原蛋白與彈性蛋白這些創造肌膚光滑的基本物質生成，再利用其出色的抗氧化作用來阻止會導致肌膚老化的氧化現象進行。

因為肌肉鬆弛而導致臉型鬆垮時，往往會讓人覺得臉蛋過大。既然如此，為了避免肌膚老化，同時以小臉為目標，那麼就更需要積極攝取維他命C這個營養素。

除此之外，維他命C還能夠淡化黑斑與雀斑、預防青春痘、抑制皮脂過度分泌、防止毛細孔粗大、幫助吸收鐵質、讓臉色紅潤並充滿光澤，美容效果可說是不勝枚舉。

瘦臉之後，只要保持肌膚亮麗，就會對自己更有自信，表情也會越來越生動活潑呢。

不過，維他命C屬於溶於水的水溶性維他命，在體內若沒有用完，就會隨同尿液與和汗水排出體外，必須勤於攝取才行。

尤其是容易感到壓力的人，體內通常會消費大量的維他命C以便守護身體，不讓壓力荷爾蒙有機可趁，所以我們一定要多加攝取維他命C。至於那些常吃甜食或者是常喝酒等，維他命C耗損速度快的人也是一樣。

可以的話，維他命C最好盡量從蔬菜中多加攝取，若是不足，不妨利用保健食品，好好補充吧。

## 解決缺鋅問題，理想臉型垂手可得！

鋅是一種無法在體內合成的礦物質。

這是一種與細胞分裂有關的營養素，具有促進蛋白質合成，與刺激成長荷爾蒙分泌的功能。也就是說，我們每天的新陳代謝都不能少了鋅這種營養素。

不過，大家知道我們人體內最常進行新陳代謝的部位是哪裡嗎？那就是位在舌頭表面的味蕾細胞。這個部位平均每十天就會生成新的細胞，是新陳代謝非常頻繁的地方。這個味蕾細胞上有個傳遞味覺的感應器，能夠捕捉到各種食品的甜味、酸味、鹹味、苦味與鮮味。

鋅這個與新陳代謝有關的礦物質若是不夠，就會出現狀況，最具代表性的問題就是味覺障礙。大家是否曾經覺得奶奶煮的菜味道好像有點鹹？這是因為日漸增長的年齡讓身體的新陳代謝越來越差，導致味蕾細胞反應遲鈍造成的。捕捉味覺的感應器若是遲鈍，就會開始尋求口味較重的食物。

我們之前曾經提到，過度攝取醣質與鹽分是導致離瘦臉越來越遠的原因之一。而脂質裡頭含有不少鮮味，一旦出現味覺障礙，就有可能攝取過多的熱量。

牡蠣、豬肝與蛋黃等食物含有豐富的鋅，然而加工食品與垃圾食物卻幾乎找不到這種營養素，就這一點來看，重新檢視飲食生活可說是一件舉足輕重的事。

## ☑ 麵包咀嚼方式不妥，影響臉蛋大小

其實我並不太建議大家吃麵包。理由有兩個。

第一個理由，是吃麵包會導致臉蛋變大。除了包了香甜奶油與豆沙的甜麵包，裡頭夾了一些蛋與火腿的鹹麵包也幾乎都是脂質與醣類的集合體。

另外，大量生產的加工麵包裡還含有不少會在體內引起發炎的反式脂肪，不僅加快肌膚老化的速度，還會導致皮膚鬆弛。既然我們的目標是瘦臉，那麼最好的對策，就是不要過量食用這類食品。我想這點大家應該都能理解才是。

而不建議吃麵包的另外一個理由，就是咀嚼次數會大幅減少。

鬆鬆軟軟的麵包不用細嚼慢嚥也能夠吞下去，是吧？聽說「最理想的減

鋅是一種可以恢復正常味覺、
幫助我們瘦臉、
不容忽視的礦物質！

肥方法就是每吃一口就咀嚼30次」，可是每當我們回神時，卻會發現東西早已順著喉嚨吞下肚了。

麵包這麼柔軟，還需要細嚼慢嚥嗎？我是沒有辦法。不光是麵包，就連容易入喉的烏龍麵與拉麵等麵類也是一樣。

食物如果不細嚼慢嚥，「我吃飽了！」這個訊號就無法傳給大腦的飽食中樞。正因如此，我們才會動不動就過飲過食，離瘦臉這個目標越來越遠。

另外，沒有好好咀嚼的話，嘴巴周圍的肌肉就會衰弱，這是導致嘴巴合不起來的原因。所以我們要盡量多咀嚼，真的要吃麵包，那就盡量選擇硬質麵包吧。

# 結語

我以讓人從頭到腳更加亮麗動人的美體師這個身分，開始從事各項健身活動已經超過十個年頭了。

當我在大型健身俱樂部負責指導個人健身的時候，其實就已經在學習與整脊有關的知識，以便對身體有更深的了解。

在學習矯正骨盆與脊椎、髖關節與肩關節的過程當中，我開始對包含頭骨在內等會牽動全身的各個部位產生興趣。

當時包括整脊院與美容沙龍在內，根本就沒有什麼人在矯正臉型，所以我是在指導個人健身時順便為客戶提供這項療程的。

之後我自立門戶，獨自創辦個人健身房。慶幸的是，在客戶口耳相傳之下，我成了大家相互推薦介紹的個人健身房。而當我開始提供小臉美容矯正療程之後，不少透過介紹來到我們健身房的人都不是為了健身療程，而是為了「想要做小臉矯正」。

我沒想到運動與美容的需求差異竟然這麼大，所以才會決定再成立一間有別於健身房的小臉美容矯正沙龍「reporter」。

全身均衡固然重要，不過「reporter」剛起步時，卻只針對臉部提供療程。在奠定大家對於小臉沙龍這個認知的過程當中，我發現臉部以外的部位應該也不容忽視，所以這幾年來，我開始致力幫助大家矯正脖子以下的上半身，也得到了客戶的理解。

每當想要設法讓臉蛋更漂亮時，女性往往會仰賴化妝品與按摩等方法。不用說，明知減肥也很重要，卻鮮少有人察覺到臉型與姿勢也有關係。

但是透過本書提到的小臉按摩，我希望大家能夠明白一點。平常我在指導大家運動時進行的那些本應就該做的伸展操、健身操與營養指導都能夠讓全身體態更加均衡，姿勢更加端正，最後整張臉的浮腫、肌膚光澤，以及脂肪的生成方法都會跟著改變。

提筆寫下這本書的目的，雖然是為了讓臉蛋更加玲瓏，臉型線條更加清晰，但是我也想趁這個機會讓大家知道除了臉部，全身體幹均衡也很重要。

這家小臉美容矯正沙龍在2011年3月11日東日本大地震發生的隔天，也就是3月12日開幕，時已過8年。

幸而所有同仁一直在後支持「reporter」，讓我得以出版此書，在此由衷感謝他們。

*Thank you for reading this to the end.*

體驗專業的
按摩手技！

## 森拓郎管理經營的
# 小臉美容矯正沙龍「reporter」

這個美容沙龍充滿了森拓郎先生精心規劃的按摩療程。
體驗專業按摩師的小臉按摩技巧，打造更加精緻、美麗的臉蛋。

### 人生必訪一次的小臉美容矯正沙龍

「我想要瘦臉！」……為了回應這個來自女性的需求而誕生的，就是小臉美容矯正沙龍「reporter」。這裡提供的按摩療程，是身為運動指導員的森拓郎先生根據長年的臨場經驗與研究，獨自精心規劃而來的。

除了使用100％摩洛哥堅果油的淋巴按摩療程，這裡還提供了上半身姿勢的矯正按摩與加壓按摩，並且搭配有別於其他小臉沙龍、技法更勝一籌的按摩方式，小臉效果深受好評。

只要體驗過一次，就能夠深切地感受到令人感動不已的瘦臉效果。不僅如此，許多人還因此而脖子拉長、體型也變得更完美，此起彼落的讚嘆聲，為其贏得了不少回流客。除了自我護理的按摩方式，如果能夠在加上專業按摩師的手技，臉蛋瘦下的速度說不定會更快呢！有機會的話務必一訪。

**reporter惠比壽店**

東京都澀谷區廣尾1-15-6
Hiroo大樓8F
TEL：03-5422-6947
http://reporter3.com/

明亮整潔的按摩包廂。據說「reporter」在法文有「回復」的意思。

在輕鬆舒適的空間裡，讓心情更加舒暢。就連椅子等用品也格外討人喜歡。

結合了氧氣的「MIREY精油」。抗老化效果佳，還能夠幫助塑造一張充滿光澤的小臉。可於美容沙龍購買。

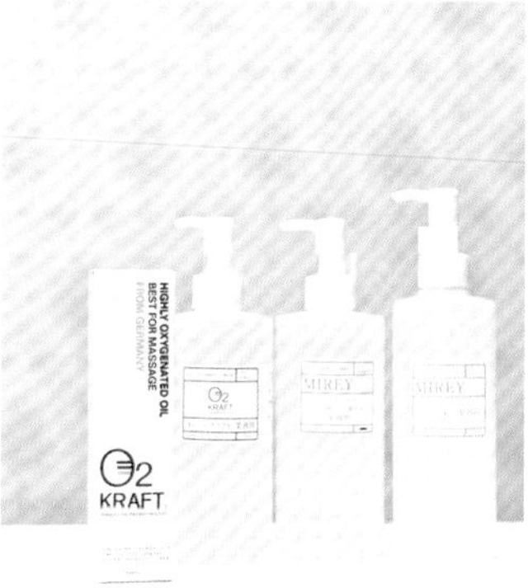


精油按摩用的是添加了迷迭香精油的$O_2$ KRAFT，以及以摩洛哥堅果油為基底的MIERY系列產品。在高濃氧作用之下，皮膚會變得更加滋潤有彈性。

---

**京都店**

京都市中京區室町通蛸藥師上ル
鯉山町535室蛸大樓5F
TEL：075-708-7921

**大阪梅田店**

大阪市北區鶴野町4-11
朝日PLAZA梅田406
TEL：06-6147-7406

**自由之丘店**

東京都世田谷區奧澤6-34-1
內海大樓II 301
TEL：03-6432-2029

**美體師指導打造元氣美顏**
**附示範影片！ 5分鐘小臉按摩**

2020年4月1日初版第一刷發行

作　　者　森拓郎
譯　　者　何姵儀
編　　輯　曾羽辰
美術編輯　黃瀞瑢
發 行 人　南部裕
發 行 所　台灣東販股份有限公司
＜地址＞台北市南京東路4段130號2F-1
＜電話＞(02)2577-8878
＜傳真＞(02)2577-8896
＜網址＞http://www.tohan.com.tw
郵撥帳號　1405049-4
法律顧問　蕭雄淋律師
總 經 銷　聯合發行股份有限公司
＜電話＞(02)2917-8022

購買本書者，如遇缺頁或裝訂錯誤，
請寄回調換（海外地區除外）。
TOHAN Printed in Taiwan

運動指導員
**森 拓郎** TAKURO MORI

曾任職於大型健身俱樂部，2009年在東京惠比壽成立個人健身房「rinato」（加壓訓練＆皮拉提斯），指導體態雕塑與瘦身等方法。因對秉持訓練至上主義的瘦身業界感到質疑，故堅持跳脫運動框架，以獨自的觀點規劃設計的瘦身方法深受時尚模特兒及女演員等知名人士的支持。2011年自身規劃的小臉美容矯正沙龍「reporter」開幕之後，便深受電視及雜誌等報章媒體矚目，成為時下話題中的美體師。著作頗豐，有：《用吃的就能瘦的技術》（暫譯，ワニブックス）、《4週大腿-5cm！輕鬆穿上緊身褲》（瑞麗美人國際媒體）等，累積銷售超過76萬部。

Blog　https://moritaku6.com
Twitter　@moritaku6
Instagram　@mori_taku6

國家圖書館出版品預行編目（CIP）資料

附示範影片!5分鐘小臉按摩：美體師指導打造元氣美顏 / 森拓郎著；何姵儀譯. -- 初版. -- 臺北市：臺灣東販, 2020.04
128面;14.8×21公分
譯自：5分トレーニングで翌朝小顔：大人気ボディワーカーの矯正メソッド
ISBN 978-986-511-305-6（平裝）

1.美容 2.按摩

425　109002456